21 世纪全国普通高等院校美术·艺术设计专业
"十三五"精品课程规划教材

The "Thirteen five-year" Excellent Curriculum for Major in The Fine Art
Design of The National Higher Education Institution in 21st Century

Interior Design Drawing

室内设计制图

主编 孙元山
编著 孙元山 高 光 杨文波

辽宁美术出版社
Liaoning Fine Arts Publishing House

21世纪全国普通高等院校美术·艺术设计专业
"十三五"精品课程规划教材

总 主 编　洪小冬
总 策 划　洪小冬
副总主编　彭伟哲
总 编 审　苍晓东　李 彤　申虹霓

编辑工作委员会主任　彭伟哲
编辑工作委员会副主任　童迎强
编辑工作委员会委员
申虹霓　苍晓东　李 彤　林 枫　郝 刚　王 楠
谭惠文　宋 健　王哲明　李香泫　潘 阔　王 吉
郭 丹　罗 楠　严 赫　范宁轩　田德宏　王 东
高 焱　王子怡　陈 燕　刘振宝　史书楠　王艺潼
展吉喆　高桂林　周凤岐　刘天琦　任泰元　汤一敏
邵 楠　曹 炎　温晓天

印制总监
鲁 浪　徐 杰　霍 磊

图书在版编目（CIP）数据

室内设计制图 / 孙元山等编著. — 沈阳 ：辽宁美
术出版社，2016.10（2022.2重印）
21世纪全国普通高等院校美术·艺术设计专业"十三
五"精品课程规划教材
ISBN 978-7-5314-7502-6

Ⅰ . ①室…　Ⅱ . ①孙…　Ⅲ . ①室内装饰设计－建筑制
图－高等学校－教材　Ⅳ . ①TU238

中国版本图书馆CIP数据核字（2016）第243225号

出版发行　辽宁美术出版社
经　　销　全国新华书店
地　　址　沈阳市和平区民族北街29号　邮编：110001
邮　　箱　lnmscbs@163.com
网　　址　http://www.lnmscbs.com
电　　话　024-23404603
封面设计　谭惠文　李英辉
版式设计　彭伟哲　薛冰焰　吴 烨　高 桐

印刷
沈阳岩田包装印刷有限公司

责任编辑　邓 濯　薛 莉　王 申
责任校对　李 昂
版次　2017年1月第1版　2022年2月第10次印刷
开本　889mm×1194mm　1/16
印张　11
字数　280千字
书号　ISBN 978-7-5314-7502-6
定价　55.00元

图书如有印装质量问题请与出版部联系调换
出版部电话　024-23835227

序 >>

当我们把美术院校所进行的美术教育当作当代文化景观的一部分时，就不难发现，美术教育如果也能呈现或继续保持良性发展的话，则非要"约束"和"开放"并行不可。所谓约束，指的是从经典出发再造经典，而不是一味地兼收并蓄；开放，则意味着学习研究所必须具备的眼界和姿态。这看似矛盾的两面，其实一起推动着我们的美术教育向着良性和深入演化发展。这里，我们所说的美术教育其实有两个方面的含义：其一，技能的承袭和创造，这可以说是我国现有的教育体制和教学内容的主要部分；其二，则是建立在美学意义上对所谓艺术人生的把握和度量，在学习艺术的规律性技能的同时获得思维的解放，在思维解放的同时求得空前的创造力。由于众所周知的原因，我们的教育往往以前者为主，这并没有错，只是我们更需要做的一方面是将技能性课程进行系统化、当代化的转换；另一方面，需要将艺术思维、设计理念等这些由"虚"而"实"体现艺术教育的精髓的东西，融入我们的日常教学和艺术体验之中。

在本套丛书出版以前，出于对美术教育和学生负责的考虑，我们做了一些调查，从中发现，那些内容简单、资料匮乏的图书与少量新颖但专业却难成系统的图书共同占据了学生的阅读视野。而且有意思的是，同一个教师在同一个专业所上的同一门课中，所选用的教材也是五花八门、良莠不齐，由于教师的教学意图难以通过书面教材得以彻底贯彻，因而直接影响到教学质量。

学生的审美和艺术观还没有成熟，再加上缺少统一的专业教材引导，上述情况就很难避免。正是在这个背景下，我们在坚持遵循中国传统基础教育与内涵和训练好扎实绘画（当然也包括设计、摄影）基本功的同时，向国外先进国家学习借鉴科学并且灵活的教学方法、教学理念以及对专业学科深入而精微的研究态度，辽宁美术出版社会同全国各院校组织专家学者和富有教学经验的精英教师联合编撰出版了《21世纪全国普通高等院校美术·艺术设计专业"十三五"精品课程规划教材》。教材是无度当中的"度"，也是各位专家多年艺术实践和教学经验所凝聚而成的"闪光点"，从这个"点"出发，相信受益者可以到达他想要抵达的地方。规范性、专业性、前瞻性的教材能起到指路的作用，能使使用者不浪费精力，直取所需要的艺术核心。从这个意义上说，这套教材在国内还是具有填补空白的意义。

21世纪全国普通高等院校美术·艺术设计专业"十三五"精品课程规划教材编委会

目录 contents

概 述
OUTLINE

本课程的名称为室内设计制图，属于工程制图范畴，它是室内设计师通过规范的图示语言介绍其创造性的思维活动和设计意图，把一个或多个预想的室内空间设计完整具体地展示出来。是研究室内装饰施工图、房屋建筑施工图及家具设计图绘制原理及方法的一门专业技术基础课。

室内设计是根据建筑物内部空间的使用性质，运用技术与艺术手段，创造出功能合理、舒适美观、利于生活工作和学习的理想场所，以满足人们物质生活和精神生活的需要。而室内设计图（室内装饰施工图、家具设计图）正是表达这种设计意图和指导工程施工的图样。

在目前，一切室内设计工程建设的施工都必须按设计图进行。这些设计图是按一定的标准规定和方法绘制的。它能准确地表示出房屋的装饰结构、形状、所用材料以及进行施工时不可缺少的尺寸和有关技术要求等。在室内装饰的整个过程中，它是研究设计方案，指导和组织施工及检验、验收不可缺少的依据，是室内设计师表达和交流设计思想的一种重要工具，是施工中的重要技术文件。它被工程界喻为"设计语言"。室内设计师们常常以工程制图的形式向合作者、委托单位和业主说明设计的意图、交流设计思想、传递技术信息。

工程制图在我国古代建筑工程历史的发展进程中起到了至关重要的作用，有着光辉的一页。早在三千年前，我国劳动人民就创造了"规、矩、绳、墨、悬、水"等制图工具。在我国古代建筑专著《营造法式》中，印有大量的建筑工程图样，这些图样与近代工程制图的表示方法有很多相似之处。

随着时代的不断向前发展，科学技术的突飞猛进，工程制图的理论与技术也得到进一步提高。一些新的制图工具在不断革新，尤其是电子技术迅速发展的今天，在一些领域特别是建筑装饰工程设计中，计算机辅助设计已被广泛应用。它是设计人员根据工程制图的表达方法和设计方案，利用计算机绘成图样，或由显示器把图形显示出来，看到比较直观的效果。通过计算机，可以绘制各种平面和曲面图形，房屋的平面图、立面图、剖面图和结构详图，为工程设计的表现与应用带来了极大的方便。但是，不管制图技术如何发展，它都是必须以制图的基本理论为基础。因此，学好工程制图的基本知识和理论是非常重要的，也是必需的。

一、学习目的

语言的发明是人类文明的重要标志之一，人们很早就学会了通过语言进行交谈、交流、沟通信息。当你去不同的民族地域或不同的国家时，如果不懂当地的语言，就难以与当地的人们进行沟通或交流。同样的道理，设计界也有自身的独有的"设计语言"，这种语言之一，就是工程制图。

作为一名设计师，如果没有很好地掌握"设计语言"，就必然要影响到他的设计思想、设计创作的发挥与发展，这就同人的思维与语言的关系一样，思维的发展能促进语言的发展，语言的发展也能进一步促进思维的发展，它们的健康发展应当是同步的，相辅相成的。设计师在工程设计中可能有很好的构思、丰富的想象、富有天赋的创造力，但不能很好地表达出来，或得不到理想和恰当的表现，使美好的设计难以展示、实施与实现，从而造成极大的遗憾或损失，因此，设计师掌握"设计语言"不仅是重要的，而且是必须的。这方面先人已给我们做出了榜样，不论是历史人物，还是现代人物，在设计语言方面都表现出高超的技艺。如：历史人物米开朗琪罗、达·芬奇，近现代大师赖特、柯布西埃、沙里宁、中国建筑大师梁思成、杨延宝等人，无不精通"设计语言"，他们的"设计语言"已不仅仅是构思的机械翻版，而是对设计构思和设计哲理的深层次表达。

工程制图是所有艺术设计院校中的必修课程，如：环境艺术系中的环境景观设计、室内设计；工业设计系中的产品设计、家具设计、展示设计；陶瓷系中的陶瓷制品设计；视觉传达系中的包装装潢设计、广告设计；装饰绘画系中的壁画制作，等等，都要依据工程图纸来制作和实施。因为上述产品的形状、尺寸和做法都不是纯绘画或语言文字所能全部描述清楚的，必须借助一系列的工程制图，才可以将上述产品的形状、大小、内部结构、细部构造、布局、材料、色标，以及其他的施工制作要求等详尽地在图纸上表达出来，作为施工或制作的依据。

工程制图是表达设计意图的一种手段，其表现方法带有一定的专业特点，除艺术性的要求外，具有准确、真实地介绍室内空间实体的功能，不带任何主观随意性。在艺术设计界中，还经常用工程制图来表达初步设计、创意构思，以便进行图示交流，交换意见。因此，工程制图也是艺术设计界的行业语言，是同行业中最好的交流设计思想的方式之一。

为此，通过工程制图课的学习要达到以下目的：

1. 培养学生的空间想象能力。即从二维的平面图形想象出三维的立体形态，这是工程制图的一个难点。因为，在今后进行的艺术设计创作中，需要经常不断地将头脑中想象的图形落实到图面上，再由图面制成立体形态。二维和三维不断地交替变换。所以，学生要在开始学习工程制图时，就培养、训练这种思维方式和绘图技巧，为学习专业设计课打下良好的基础。

2. 培养学生认真细致、一丝不苟的工作作风。要让学生从一开始就明白，今后工作中由于图纸上一个小小的疏忽或差错就可能造成无法补救的浪费或损失。所以，从学习制图开始就要严格要求自己，认真负责，力求达到比较完美的境界。

3. 培养学生具有室内设计的绘图能力和读图能力。因为没有绘图能力，便不能表达自己的设计构思；而没有读图能力，就无从理解别人的设计意图，无法进行交流。所以学好本课程是从事室内设计人员必须具备的基本条件。由于制图的理论比较抽象，系统性较强，这就要求学生在学习中要刻苦钻研、锲而不舍，要边学习边练习，认真完成一系列的由简至繁的绘图作业。提高学生的设计表达能力、与他人的交流能力及团队精神。

二、学习要求

要画出符合施工要求的图样，必须解决两个问题，一是表达什么，二是怎样表达。前者要有一定的专业知识、实践经验和艺术修养才行，这要通过在以后的专业课程中学习及实际工作中不断充实。本课主要解决怎样表达的问题，提供表达的基本知识和基本技能，设计及表达能力的提高尚须在以后工作实践中不断努力。

学习本课后应达到下列基本要求：

1. 能够正确地使用常用的绘图工具；

2. 熟练掌握常见几何作图方法；

3. 掌握正投影法的原理及点、直线和平面的投影规律；

4. 掌握图样的规定画法，并能正确应用；

5. 了解房屋建筑施工图的形成及画法，并能够正确识读；

6. 能够正确画出室内装修施工图；

7. 能正确地画出家具设计图和简单家具装配图；

8. 所绘工程图样应做到：投影正确，视图选择和配置恰当，尺寸完整，图线运用准确，结构表达清楚，图面整洁，符合国家颁布的最新标准规定。

三、学习内容

1. 制图基本知识和投影作图基础。主要学习绘图工具的使用，制图的国家标准规定，几何作图，正投影法图示原理，图样的各种表达方法等。

2. 建筑施工图的绘图方法及识读。

3. 家具设计图、装配图的绘图方法。

4. 室内装饰、装修施工图的绘图方法。

四、学习方法

室内设计制图是一门理论与实践性均较强的课程，必须通过多画图和多看图才能真正掌握，学习时应注意下面几点：

1. 熟记点、直线和平面的投影规律，因为无论多么复杂的物体都是由点、线、面构成的。所以，熟记点、直线和平面的投影规律是解决复杂画图问题的关键。

2. 通过学习不断增强空间想象力。空间想象力是指对物体的空间形状与其投影图之间相互转化的能力，它是画图和读图的基础。但空间想象力不是天生的，是要通过不断的学习实践，才能逐步建立起来。为此，平时要做到多想、多画、多看，即见物想图，见图想物，边想边画，在头脑中多积累图、物的表象。

3. 认真完成练习和作业。及时准确地完成规定的练习和作业，这是学好本课程的重要环节。因为画图和读图能力只有通过大量的实践才能逐步培养起来。因此，在练习和作业的实践中，做到手脑并用，画、想结合是很重要的。另外，画图时要严格执行制图的国家标准规定，注意培养耐心细致、一丝不苟的工作作风和严肃认真的工作态度。

编　者

第 1 章

制图的基本知识和标准规定

本章要点

- 制图的基本知识
- 常用绘图工具的使用方法
- 有关制图的国家标准
- 常用几何作图方法

工程制图作为一种表达和交流设计思想的"设计语言"，必须具有表达的统一性，清晰简明，提高制图效率。因此，每个设计人员在绘制工程图时，首先必须熟悉制图有关国家标准规定，掌握制图工具的使用方法，熟知常用几何作图法。本章将主要介绍有关制图的基本知识和基本技能。

第一节 制图工具

常用的制图工具及用品：图板、丁字尺、 三角板、圆规、 分规、 比例尺、直线笔、绘图笔、 曲线板、图纸、铅笔等。

一、图板与丁字尺

图板是铺放图纸用的，要求板面平整光滑，工作边平直。绘图时，将图纸用胶带纸固定在图板左上方。

丁字尺由尺头和尺身两部分组成，画图时应使尺头靠紧图板左侧的工作边，不得使用其他侧边。丁字尺主要用于画水平线，画水平线时应自左向右画。如图 1-1(a)所示。

二、三角板

一副三角板有两块，即45°—45°和30°—60°三角板各一块。三角板和丁字尺配合，可画出垂直线和各种15°角倍数的倾斜直线，两个三角板配合可画出平行线及垂直线。用三角板配合丁字尺画垂线的方法是将三角

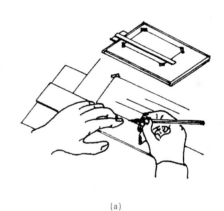

(a)

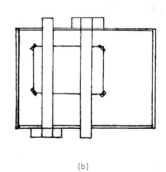

(b)

图1-1 图板丁字尺的用法 (a) 正确 (b) 错误

板的一个直角边紧靠丁字尺工作边，三角板的垂直边放在左边，由下向上画线，如图1-2所示。

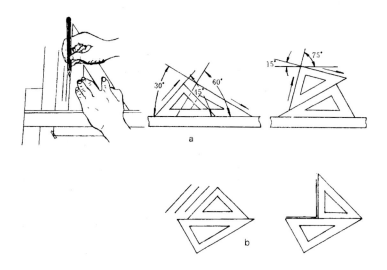

a 用三角板画垂直线，30°、45°、75°、15°、斜线

b 用三角板画平行线及垂直线

图1-2 三角板的使用方法

三、圆规和分规

圆规主要用来画圆和圆弧。画圆时，针尖使用有台阶的一端，台阶可防止图纸上的针孔扩大而使圆心不准，同时用右手转动圆规手柄，使圆规略向前进方向倾斜，按顺时针方向旋转画成，如图1-3所示。

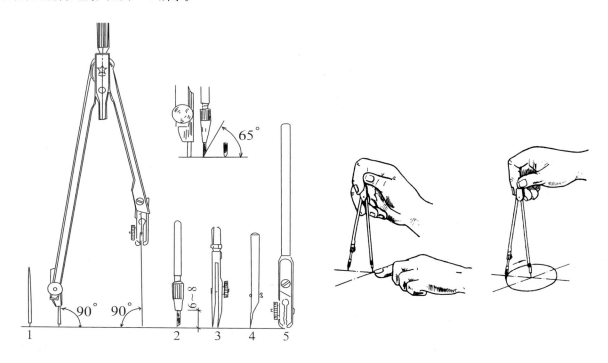

1．钢针　2.铅笔插腿　3.直线笔插腿　4.钢针插腿　5.延伸杆

图1-3 圆规及画圆方法

画较大圆时，应使圆规的钢针和铅笔芯插腿垂直于纸面，需要时还可以接上延伸杆，如图1-4所示。

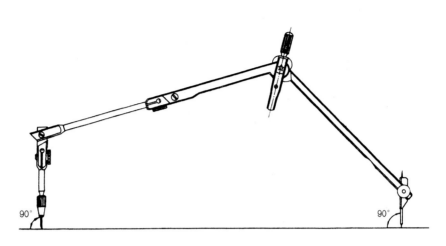

图1-4 画大圆的方法

分规用来等分线段或在线段上量截尺寸，分规的两根针尖应密合（图1-5a），分规的使用方法如图1-5b、c所示。

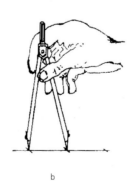
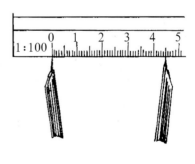

a   b   c

图1-5 分规的用法

四、比例尺及其应用

比例尺又叫三棱尺（图1-6a），三个尺面一般标有六种比例，如1:100、1:200、1:300、1:400、1:500、1:600。

利用比例尺作图，无须进行比例换算，可大大提高作图速度和精度，使用时，首先要学会识读尺面上不同比例刻度代表的数值，如图1-6b所示。

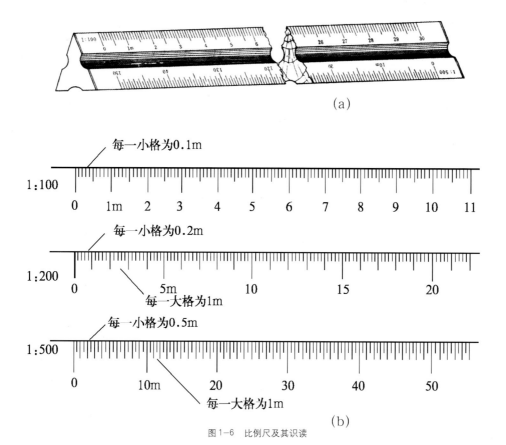

(a)

每一小格为0.1m

1:100
0　1m　2　3　4　5　6　7　8　9　10　11

每一小格为0.2m

1:200
0　　5m　　10　　15　　20

每一大格为1m

每一小格为0.5m

1:500
0　　10m　　20　　30　　40　　50

每一大格为1m

(b)

图1-6　比例尺及其识读

五、绘图笔

绘图笔又叫针管笔，如图1-7所示，这种笔类似普通自来水笔，使用方便，可以提高作图速度和绘图质量。其

六、曲线板

曲线板主要用来绘制难以用圆规画出的曲线（通称非圆曲线）。图1-8是制图常用的一种曲线板。

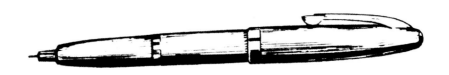

图1-7　绘图笔

规格有0.2mm、0.3mm、0.6mm、0.9mm、1.2mm 等数种，可根据画图线的粗细选用，长期不用时，应清洗干净，以防堵塞。

曲线板的使用方法如图1-8所示。首先求得曲线上若干点，如图1-8a所示，再徒手用铅笔通过各点轻轻勾画出曲线，如图1-8b所示，然后将曲线板靠上，在曲线板边缘选择一段至少能经过曲线上三四个点，如图1-8c所示，沿曲线板边缘自点1起画曲线至点3与点4的中间，再移动曲线板，选择一段边缘能过3、4、5、6诸点，自前段接画曲线至点5与点6中间，如图1-8d所示，如此延续下去即可画完整段曲线，如图1-8e所示。

图1-8　曲线板及其使用方法

用曲线板分段画曲线时，应使整个曲线画得光滑，防止在连接处出现拐点和粗细不匀等痕迹。

七、擦图片

擦图片形状如图1-9所示，擦图片的作用是当擦去图中多余线条时可避免擦去邻近有用的图线。

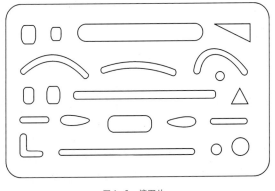

图1-9　擦图片

八、铅笔

绘图铅笔的铅芯硬度用 B 和 H 标明。B~6B 表示软铅芯，数字越大，铅芯越软；H~6H 表示硬铅芯，数字越大，铅芯越硬；HB 表示中等硬度。一般绘底图时选用 H 或 2H 铅笔，加深图样时，可用 HB、B 或 2B 铅笔，其削法及用法如图 1-10 所示。

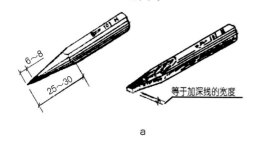

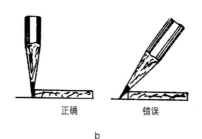

图 1-10　铅笔的削法与用法
a 铅笔的削法　b 铅笔的用法

第二节　制图的有关标准规定

2002 年 3 月 1 日实施的房屋建筑制图统一标准 GB/T50001—2001，建筑制图标准 GB/T50104—2001，1991 年 8 月 1 日实施的家具制图标准 QB1338—1991，是目前我国建筑制图和家具制图的最新标准。是国家对该行业制定的统一标准。大家都按统一的标准绘图和识图，就会减少许多差错和误解，这对提高工作效率，保证设计质量，进行技术交流，会起到极大的促进作用。因此，每个设计工作者在绘图时都必须遵守标准的各项规定，熟练地掌握和使用它。本节先介绍其中的部分标准规定，其余部分将在以后的有关章节中陆续介绍。

一、图纸幅面

为了便于使用和保管，制图标准对图纸的幅面大小作了统一的规定，所有图纸幅面都应符合表 1-1 的规定。表中的 B 为图纸的宽，L 为图纸的长，c 为图框线到图纸上、下及右边缘的距离，a 为装订边，是图框线到图纸左边缘的距离，见表 1-1。

表中相邻代号的图纸幅面相差一倍，0 号图纸按长边对折裁开即为两张 1 号图纸，1 号图纸按长边对折裁开为两张 2 号图纸，依次类推。图纸可以横放也可以竖放使用，见图 1-11 所示。

表 1-1　图纸幅面　　　　　　　　　　　　　　　　单位：mm

幅面代号	A0	A1	A2	A3	A4
B×L	841×1189	594×841	420×594	297×420	210×297
c	10			5	
a	25				

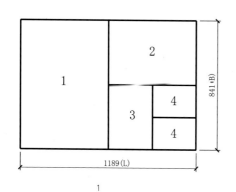

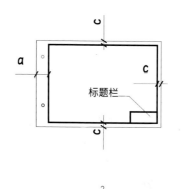

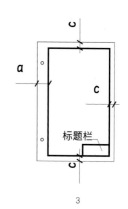

图 1-11　图纸幅面　1 图纸幅面的关系　2 横式图纸　3 竖式图纸

必要时允许将图纸长边加长，加长量为原长的1/8倍数，见图1-12。

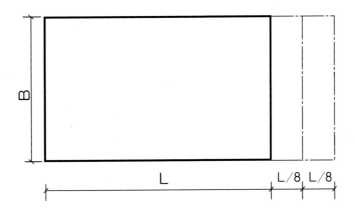

图1-12 图纸加长方法

二、图框及标题栏

图框线及标题栏外框线可采用表1-2的线宽绘制。

图纸标题栏规定在任何情况下都画在图框线内右下角，如图1-11所示，格式如图1-13所示。其中（1）号标题栏用于工程图；（2）号标题栏用于学生作业。签字区应包含实名列和签名列。

表1-2　图框线及标题栏的线宽　　　单位：mm

幅面代号	图框线	标题栏外框线	标题栏分格线
A0、A1	1.4	0.7	0.35
A2、A3、A4	1	0.7	0.35

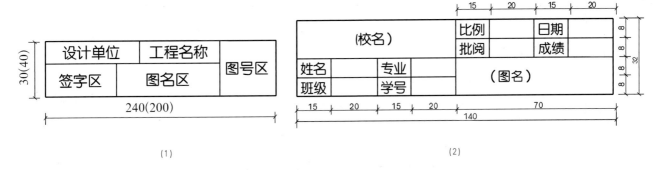

图1-13 标题栏

三、比例

图样的比例是指图形与实物相对应的线性尺寸之比。比例的大小是指比值的大小，如1∶50大于1∶100。

画图时根据需要和实际情况可采用按物体实际大小画出，即采用1∶1的比例，也可采用放大或缩小的比例画出，国家制图标准对常用的比例做了如下规定，见表1-3。

表1-3 图样比例

常用比例	1:1	1:2	1:5	1:10	1:20	1:50	1:100	1:150
	1:200	1:500		1:1000	1:2000	1:5000	1:10000	
可用比例	1:3	1:4	1:6	1:15	1:25	1:30	1:40	1:60
	1:80	1:250		1:300	1:400	1:600		

　　工程图中的各个图形都应分别注明其比例。比例宜注写在图名的右侧，比例的字高宜比图名的字高小一号或二号，字的底线应取平，如图1-14所示。

图1-14　比例的标注

　　当整张图纸的各视图都采用同一种比例时，可将比例统一注写在标题栏中。

四、字体

　　图样中书写的汉字、数字、字母等必须做到：字体端正，笔画清楚，间隔均匀，排列整齐。字体的高度，汉字字高不小于3.5mm；数字、字母不小于2.5mm。汉字应采用国家正式公布的简化汉字，用长仿宋体书写。字体高度与宽度之比大致为3:2，并一律从左到右横向书写。各类字体写法示范如下：

1.汉字－长仿宋体示范

家具椅凳桌柜橱物品衣扶手析箱床软硬层座宽深高上下左右
前后低侧正单双底边面复中架旁背门搁板挺望拼抽屉撑托压
塞角帽头横立嵌榫套方圆车红白设计制图描校对审批厂所室

2.汉语拼音字母、英文字母和希腊文字母示范

ABCDEFGHIJKLMN
OPQRSTUVWXYZ

ABCDEFGHIJKLMN
OPQRSTUVWXYZ

abcdefghijklmn

opqrstuvwxyz

abcdefghijklmn

opqrstuvwxyz

直径符号 ϕ 角度符号 $\alpha\ \beta\ \gamma$

3.阿拉伯数字示范

1200 ±1   *350* $^{+0.5}$ *350* $_{-0.5}$

1234567890   *1234567890*

五、图线

  为使图样清晰，便于图样的表达，工程图中对于图线的名称、线型、线宽及用途均做出了规定，见表1-4所示。

  各种图线的应用举例如图1-15至图1-18所示。

表 1-4　线型

图线名称		线型	线宽	一般用途
实线	粗	———————	b	主要可见轮廓线
	中	———————	0.5b	可见轮廓线
	细	———————	0.25b	可见轮廓线、图例线等
虚线	粗	━ ━ ━ ━ ━	b	见有关专业制图标准
	中	– – – – –	0.5b	不可见轮廓线
	细	- - - - - -	0.25b	不可见轮廓线、图例线等
单点长画线	粗	━ · ━ · ━	b	见有关专业制图标准
	中	─ · ─ · ─	0.5b	见有关专业制图标准
	细	— · — · —	0.25b	中心线、对称线等
双点长画线	粗	━ ·· ━ ·· ━	b	见有关专业制图标准
	中	─ ·· ─ ·· ─	0.5b	见有关专业制图标准
	细	— ·· — ·· —	0.25b	假想轮廓线、成型前原始轮廓线
折断线		——∿—∿——	0.25b	断开界线
波浪线		～～～～	0.25b	断开界线

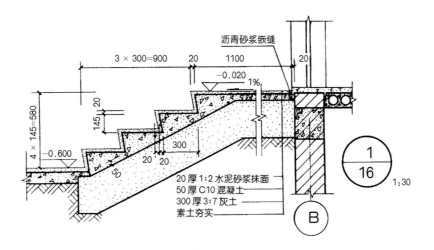

图1-15　图线的应用

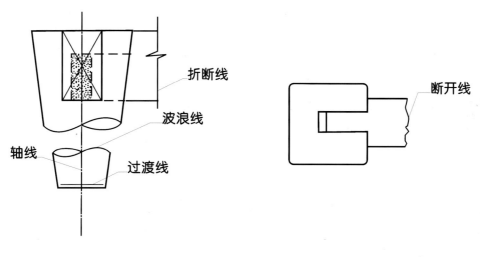

图1-16　图线的应用

图1-17　图线的应用

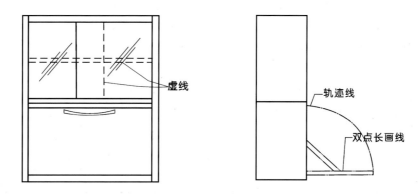

图1-18　图线的应用

图线的画法应注意以下几点：

(1)在同一图样中,同类图线的宽度应基本一致,粗实线宽度的选择,一般视图形的大小和复杂程度而定,通常取0.5~1.0mm左右。

（2）虚线、单点长画线和双点长画线的画法如图1—19所示。同一张图中，虚线的每小段直线和间隙都应大致相等，单点长画线和双点长画线的首尾两端应为线段而不应是点。

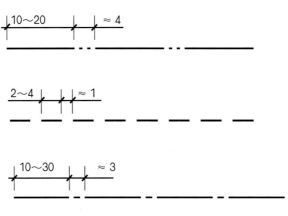

图1—19　图线的画法

（3）虚线若为实线的延长线时，应在连接处留有间隙，任何图线相交都应以线段相交，不留间隙，如图1—20所示。

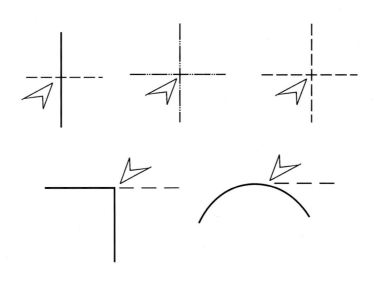

图1—20　图线交接的画法

六、尺寸标注

尺寸标注是图样中十分重要的内容，尺寸数字正确与否关系重大，必须按标准规定正确标注。

1．基本原则

（1）不论比例大小，图样上所注尺寸均为实际尺寸，与图样的大小及绘图的准确度无关。

（2）图样上的尺寸单位必须以毫米为单位（标高及

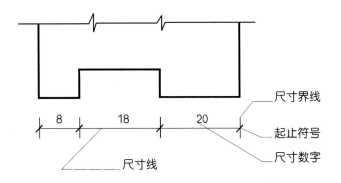

图1-21 尺寸标注

总平面图除外），在图上不必写出"毫米"或"mm"单位名称。

（3）物体的每一尺寸一般只标注一次，并且应标注在反映该结构最清晰的图形上。

2. 尺寸组成

完整的尺寸一般由尺寸界线、尺寸线、尺寸起止符号和尺寸数字组成，尺寸线、尺寸线均用细实线绘制，起止符号用中粗斜短线绘制，如图1-21所示。

（1）尺寸界线应与被注长度垂直，其一端应离开图样轮廓线不小于2mm，另一端宜超出尺寸线2～3mm。图样轮廓线可用作尺寸界线。

（2）尺寸线应与被注长度平行。图样本身的任何图线均不得用作尺寸线。尺寸线与图样最外轮廓线的距离不宜小于10mm，平行排列的尺寸线间距宜为7～10mm，并应保持一致。

（3）尺寸起止符号表示所注尺寸范围的起止，其倾斜方向应与尺寸界线成顺时针45°角。长度为2—3mm。半径、直径、角度及弧长的尺寸起止符号宜用箭头表示。

（4）尺寸数字在同一张图中其大小应尽量一致，尺寸数字的注写方向由所标注的尺寸线位置确定：当尺寸线为水平方向时，尺寸数字标注在尺寸线的上方，当尺寸线为垂直方向时，尺寸数字注写在尺寸线的左侧，字头朝左，如图1-22所示。各种方向尺寸数字的写法，应按图1-23所示注写。应尽量避免在斜线范围内注写尺寸，若不能避免时可按水平方向书写，也可引出标注，如图1-23中20的注法。

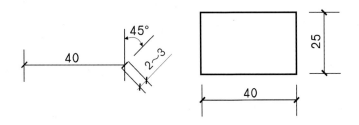

图1-22 尺寸数字的标注

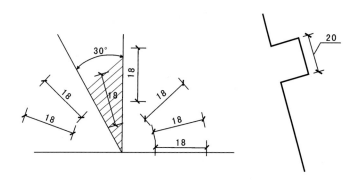

图 1-23 尺寸线倾斜时的注法

3. 常见尺寸标注方法

（1）如没有足够的注写位置，可按图 1-24 标注。

图 1-24 小尺寸的标注

（2）角度的标注，以角的两条边为尺寸界线，角度的尺寸线应以圆弧表示，该圆弧的圆心应是该角的顶点，起止符号用箭头表示。角度数字应按水平方向注写，如图 1-25 所示。

（3）圆和大于半圆的圆弧均标注直径，直径数字前应加直径符号"∅"，如图 1-26 所示。

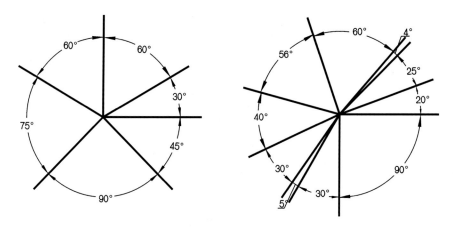

图 1-25 角度的标注

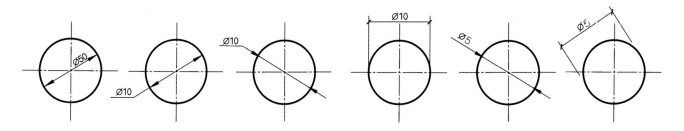

图 1-26 圆的尺寸标注

（4）半圆弧和小于半圆的圆弧均标注半径。半径尺寸数字前应加注半径符号"R"。半径尺寸线应通过圆心，长度可长可短，见图1-27。当半径很大，又需注明圆心位置时，可按图1-28标注。

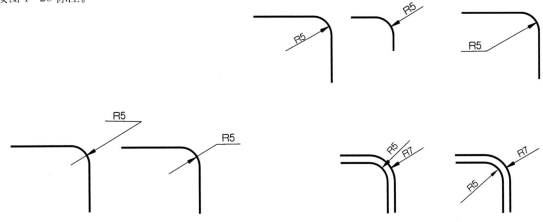

图1-27　圆弧的标注

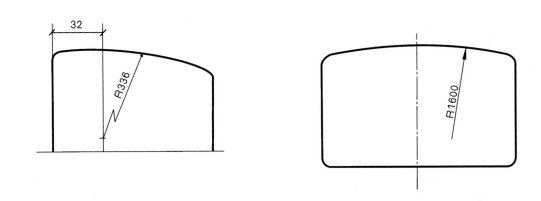

图1-28　大圆弧的标注

（5）标注球体尺寸时，在直径或半径符号前加注"S"，如图1-29所示。

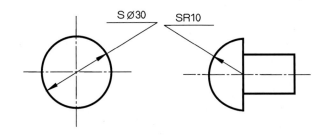

图1-29　圆球的标注

（6）标注圆弧的弧长时，尺寸线应用与该圆弧同心的圆弧线表示，尺寸界线应垂直于该圆弧的弦，起止符号用箭头表示，弧长数字上方应加注圆弧符号"⌒"，如图1-30所示。

（7）对称图形尺寸注法：如对称图形（包括半剖视图）未画完全或只画出一半时，该对称图形的尺寸线应略超过对称线，仅在尺寸线的一端画起止符号，尺寸数字应按整体全尺寸注写，如图1-31所示。

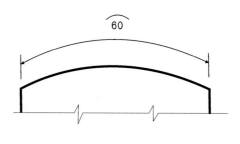

图1-30　弧长的标注

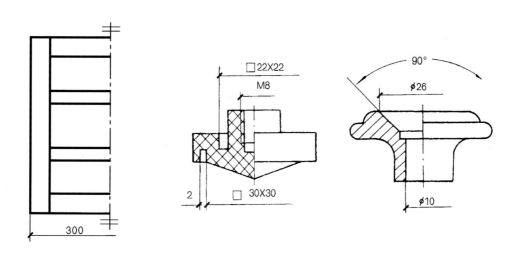

图1-31　对称图形的尺寸标注

（8）倒角的标注可按图1-32进行标注，其中45°倒角可一次引出标注。

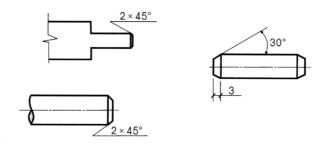

图1-32　倒角的标注

（9）矩形断面尺寸可以用一次引出方法标注，注意，应把引出一边尺寸写在前边，以避免当两个尺寸大小相近时造成误解，如图1-33所示。

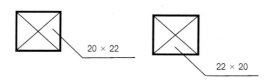

图1-33　矩形断面的标注方法

（10）　各种孔的标注方法如表1-5所示，表中标注"4-φ5深10"表示有4个直径为5mm、深度为10mm的圆孔。

表1-5　孔的标注

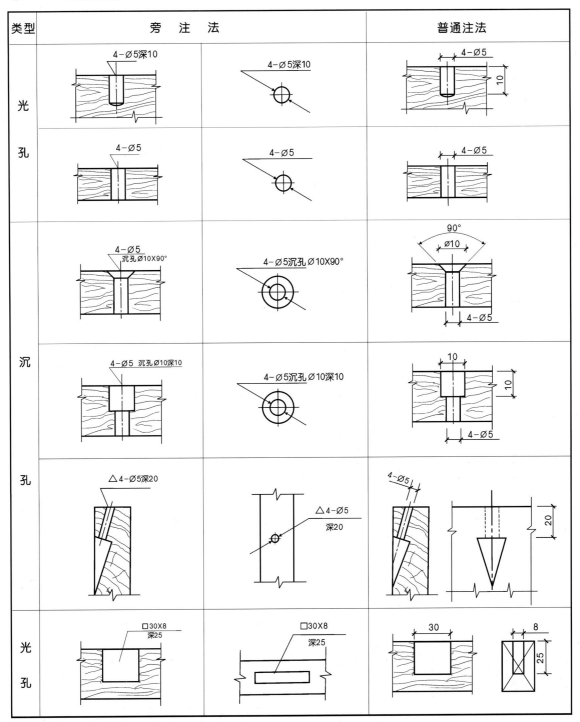

注：倾斜沉孔不论沉孔是圆柱形还是其他形状，都以代号"△"标注；方孔中不论是长方孔还是正方孔，都以代号"□"标注。

第三节　几何作图

在工程设计绘制图样时，都离不开画各种几何图形，掌握几何作图方法，是快速、准确绘图的基础。本节将介绍一些常用的几何作图法。

一、直线

1．画已知直线的平行线

已知直线 AB，过点 C 作其平行线，如图 1-34a。作法如下：

（1）用45°三角板的一个直角边对齐直线 AB（与 AB 平行），再用30°三角板的一个边紧靠45°三角板的另一个直角边，如图 1-34b。

（2）按住30°三角板不动，沿其边下移45°三角板到 C 点，过 C 点画直线即为所求，见图 1-34c。

（3）如需在点 C 以下再作 AB 直线的平行线，则可先按住45°三角板不动，再把30°的三角板下移，然后再移动45°三角板至需要画线的位置即可，见图 1-34d。

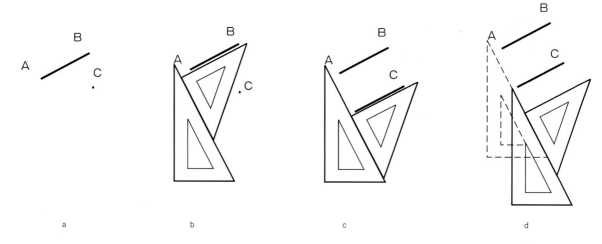

图 1-34　用三角板画平行线

2．任意等分直线段

将已知直线 A B 任意等分（例如五等分），如图 1-35 所示。

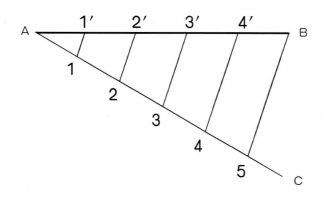

图 1-35　平行线法等分直线段

作法如下：

（1）过点 A 任作一斜线 AC，自点 A 起在 AC 上截取相等的五个单位长，得 1、2……5 各点。

（2）连 B5，再过 1、2、3、4 各点作 B5 的平行线，分别交 AB 于 1′、2′、3′、4′ 各点，完成对 AB 的 5 等分。

二、正多边形画法

1．作圆内接正五边形

作法如下：

（1）作已知圆半径 Ob 的垂直平分线，得到中点 e。

（2）以 e 为圆心，e1 为半径画弧，交 aO 于 p。

（3）以 1p 的长度从 1 开始分割圆周得 1、2、3、4、5 各点，依次连接各点，即得到圆内接正五边形，如图 1-36 所示。

2．作任意正多边形

以正五边形为例，如图 1-37 所示。

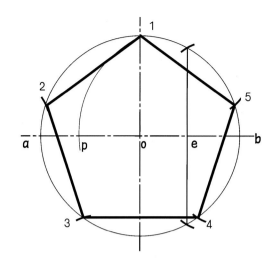

图 1-36 圆内接正五边形画法

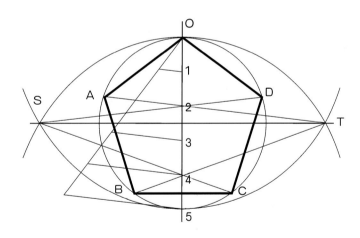

图 1-37 作已知圆的内接正多边形

作法如下：

（1）按预定边数，把已知圆的垂直直径五等分，得到 1、2……5 各等分点。

（2）分别以垂直直径上、下两点 O 和 5 为圆心，以圆的直径为半径画弧交于 S、T 两点。

（3）过 S、T 分别和等分点中的偶数点（或奇数点），

2、4连线并延长与圆周相交得到 A、B、C、D，连 A、B、C、D、O 完成作图。

此法为近似作图法，适合画边数为十三以内的正多边形。

3．已知边长作正多边形

已知边长为 AB，求作一正七边形，如图1-38所示。作法如下：

（1）作 AB 的垂直平分线，过 A 或 B 作与 AB 成45°的斜线交于垂直平分线上的一点4，以 A 或 B 为圆心，以 AB 长为半径画弧与垂直平分线交于点6。

（2）取6和4的中点5，以6到5的距离长沿垂直平分线上6点向上截取，可得7、8、9……点。

（3）以7点为圆心，7A 或7B 长为半径画圆，以 AB 长为半径，从 A 或 B 开始，在圆周上截取各点，连接各点，即为所求正七边形。

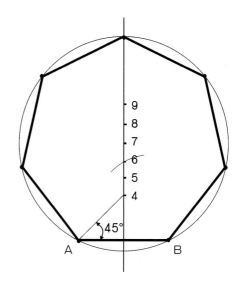

图1-38　已知边长作正多边形

三、求已知圆弧的圆心

作法如下：见图1-39。

在已知圆弧上任取三点 A、B、C，连 AB、BC，分别作 AB、BC 的垂直平分线，两条平分线的交点即为所求圆弧的圆心。

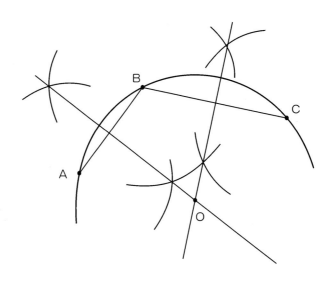

图1-39　求圆弧的圆心和半径

四、黄金比矩形

画法如图1-40所示。先以矩形的宽为边长画正方形ABCD，画对角线求出中线EF，连FD，以F为圆心，FD长为半径画弧交于BC的延长线上得G点，BG即为黄金比矩形的长。此时 AB：BG ≈ 0.618。

五、椭圆画法

1．同心圆法作椭圆

已知椭圆的长轴 **ab**，短轴 **cd**，求作椭圆，如图1-41所示。

画法如下：

（1）分别以 **ab**、**cd** 为直径作两个同心圆，分圆周为十二等分。

（2）过大圆周上的各等分点作垂线与过小圆周上的各等分点做水平线相交，得到八个点。

（3）用曲线板把求得的八个点及长、短轴的四个端点光滑地连接起来，即为所求椭圆。

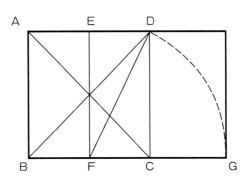

图1-40 黄金比矩形的画法

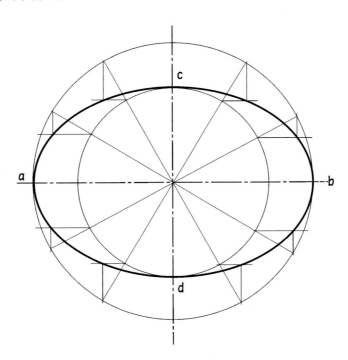

图1-41 同心圆法作椭圆

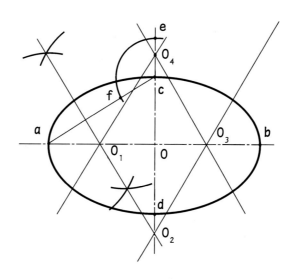

图1-42 四心圆法作椭圆

2．四心圆法作椭圆

已知椭圆的长轴ab，短轴cd，用四心圆法求作椭圆。作法如图1-42所示。

（1）以O为圆心，oa长为半径画弧交oc的延长线于e，连ac，再以c为圆心，ce长为半径画弧交ac于f。

（2）作af的垂直平分线交长轴于O_1，交短轴于O_2，截取$OO_3 = OO_1$，$OO_4 = OO_2$，得到O_1、O_2、O_3、O_4四点。

（3）连O_1O_2，O_2O_3，O_3O_4，O_1O_4并延长，此四条线为连心线。

（4）分别以O_2和O_4为圆心，O_2c或O_4d为半径作弧至连心线，再以O_1和O_3为圆心，O_1a或O_3b为半径作弧，与前面作的两个弧连接，即完成所求椭圆。

3．线绳法画大椭圆（已知椭圆的长轴和短轴尺寸）

画图步骤如下：

（1）画出椭圆的长轴AB，短轴CD，椭圆中心为O点；

（2）取一细线，长度等于AB，两端用图钉固定于F_1及F_2点，使$CF_1 = CF_2 = OA = OB$；

（3）用笔绷紧线绳移动一周所画曲线即为所求椭圆，如图1-43所示。

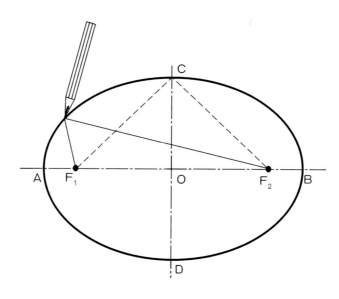

图1-43 线绳法画椭圆

六、两相交直线的连接

所谓两相交直线的连接，是指通过一个已知连接弧把两直线光滑地连接起来形成圆角。

两相交直线的夹角有锐角、钝角、直角之分，用已知半径为r的圆弧连接此两直线，如图1-44所示。

画法如下：

（1）作与AB、BC距离均为r的平行线，两平行线交于O，O即为连接弧的圆心。

（2）过O点分别向AB、BC作垂线，垂足D、E为连接点。

（3）以O为圆心，r长为半径，自点E至点D作弧即为所求连接弧。

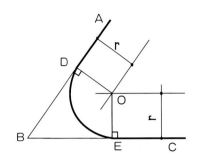

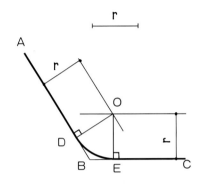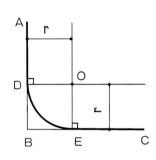

图1-44　相交两直线的连接

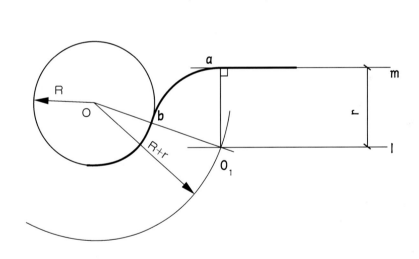

图1-45　直线与圆弧的连接

七、直线与圆弧的连接

已知圆O的半径为R，圆外直线m，连接弧半径为r。求作用半径为r的圆弧连接圆O和直线m，见图1-45。

画法如下：

（1）作与直线m平行，距离为r的直线l。

（2）以O为圆心，R+r为半径作弧，与直线l交于O₁，O₁即为连接弧的圆心。

（3）过O₁向直线m作垂线交于a，连接O₁O与圆O

交于b。

（4）以O₁为　圆心，r长为半径，自点b至点a作弧，完成直线与圆弧的连接。

八、圆弧与圆弧的连接

1．外连接

已知O₁、O₂两个圆，半径分别为r₁、r₂，连接弧半径为r。求作两圆弧的外连接，如图1-46所示。

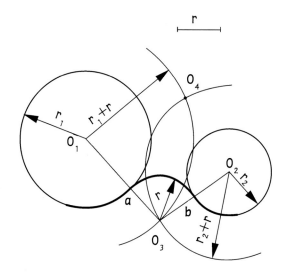

图 1-46　圆弧与圆弧的外连接

画法如下：

（1）以 O_1 为圆心，以 $r_1 + r$ 为半径画弧，以 O_2 为圆心，以 $r_2 + r$ 为半径画弧，两弧相交于 O_3、O_4，则 O_3、O_4 均为连接弧的圆心。

（2）取其中一点 O_3，连 O_3O_1 交 O_1 圆于 a，连 O_3O_2 交 O_2 圆于 b。

（3）以 O_3 为圆心，r 为半径，自点 a 至点 b 画弧，完成两圆弧的外连接。

2. 内连接

已知 O_1、O_2 两圆，其半径分别为 r_1 和 r_2，连接弧半径为 r，求作两圆弧内连接，如图 1-47 所示。

画法如下：

（1）以 O_1 为圆心，$r - r_1$ 为半径画弧；以 O_2 为圆心，$r - r_2$ 为半径画弧，两弧相交于 O_3、O_4，则 O_3、O_4 均为连接弧的圆心。

（2）取其中一点 O_3，连 O_3O_1 和 O_3O_2，并延长之，分别交 O_1 圆于 a，交 O_2 圆于 b。

（3）以 O_3 为圆心，r 长为半径，自点 a 至点 b 画弧，完成两圆弧的内连接。

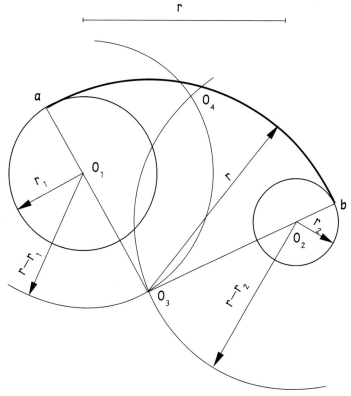

图 1-47　圆弧与圆弧的内连接

思考与练习:

1. 何谓图幅? 图幅有几种? 其尺寸多大?

2. 标题栏在图纸什么位置? 其线宽有何规定?

3. 何谓比例? 1∶50表示什么含义?

4. 常用线型有哪些? 每种线型的线宽是多少?

5. 图样上的尺寸由哪几部分组成? 其画法有何要求?

6. 按1∶1的比例在A4图纸上画出下列材料的图例。

7. 标注右图尺寸(按1∶10的比例在图中量取)。

8. 在直径为80mm的圆内画出内接正五角星。

9. 一椭圆长轴为100mm,短轴为70mm,用四心圆法画出椭圆。

10. 按1∶1的比例画出楼梯扶手的断面轮廓,并标注尺寸。按1∶5的比例画出洗手盆图形,并标注尺寸。

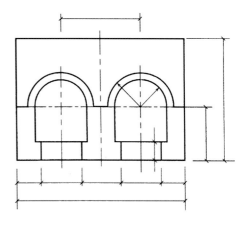

(第7题)

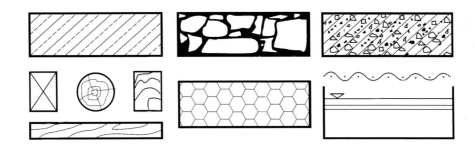

(第6题)

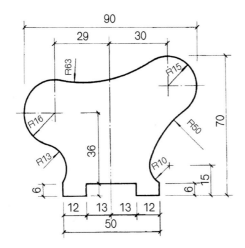

楼梯扶手

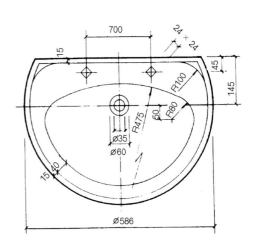

洗手盆

(第10题)

第**2**章

正投影法
和三面视图

本章要点
- 投影的概念及分类
- 正投影的特点及点、直线、平面的投影规律
- 三视图的形成及画法

本章从投影的现象进行分析研究，总结出两种投影法：中心投影法和平行投影法，进而找出正投影的特点，得出点、直线和平面的正投影规律，介绍三视图的形成原理。

国家标准规定，工程图样均按正投影法绘制。本章将简要介绍正投影法的投影特点和物体三视图的形成。

第一节 投影的概念和分类

一、投影的概念

在日常生活中，我们看到物体在灯光或阳光的照射下，会在墙面或地面上产生影子，这种现象叫投影。如图 2-1 所示。设有三角板 ABC（简称△ABC），光源 S 和平面 H，则自光源 S 通过三角板三个顶点的光线 SA、SB、SC 分别与平面 H 相交于 a、b、c。这时△abc 称为三角板 ABC 在 H 面上的投影，Sa、Sb、Sc 称为投影线，平面 H 称为投影面。

上述这种用光线照射形体，在预先设置的平面上投影产生影像的方法称之为投影法。

为了使投影能准确表达物体形状，人们经过长期实践，对投影现象进行抽象、分析研究和总结，提出了投影线穿透性假设，即假设投影线可以穿透物体，使物体各部分的棱线都能在影子里反映出来，画图时，可见棱线用实线画出，不可见棱线用虚线画出。

二、投影法的分类

投影法可分为中心投影法和平行投影法两种。

1. 中心投影法

所有投影线都交于投影中心的投影方法，如图 2-1 所示。这时三角板的投影不反映其真实形状和大小，且随着三角板的位置不同，其投影也随之变化。中心投影法常用于绘制透视图。

2. 平行投影法

假设将光源移至无限远处，则靠近物体的所有投影线，就可以看做是互相平行的。所有投影线均相互平行的投影方法叫平行投影法，如图 2-2 所示。

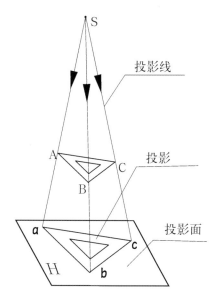

图 2-1　中心投影法

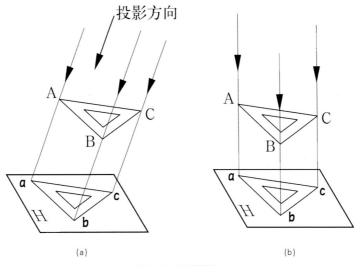

图 2-2　平行投影法

根据投影线与投影面是否垂直，平行投影法又可分为斜投影法和正投影法。

（1）斜投影法：相互平行的投影线倾斜于投影面的投影法，见图 2-2（a）。斜投影法主要用于绘制轴测图。

（2）正投影法：投影线彼此平行且垂直于投影面的投影方法，见图 2-2（b）。正投影法作图简便，度量性好。是所有工程图样的主要图示方法，用正投影法得到的投影叫正投影。

第二节　正投影法的投影特性

构成物体最基本的元素是点、直线和平面。点、直线和平面的正投影具有以下特性，如图 2-3 所示。

一、点的投影

点的投影仍为点。如图 2-3 中的 A 的投影为 a，在投影作图中，规定空间点用大写字母表示，其投影用同名小写字母表示，位于同一投影线上的各点，其投影重合为一点，规定下面的点的投影要加上括号，如图 2-3 中 A、B、C 的投影 a(b)(c)。

二、直线的投影

（1）平行于投影面的直线，其投影仍为一直线，且投影与空间直线长度相等，即投影反映空间直线的实长，如图 2-3 中直线 FG 的投影 fg。

（2）垂直于投影面的直线，其投影积聚为一个点，如图 2-3 中直线 DE 的投影 d(e)。

（3）倾斜于投影面的直线，其投影仍为一直线，但投影长度比空间直线短，如图 2-3 中 HJ 的投影 hj。

为便于记忆，直线的投影特点可按下列口诀记忆：平行投影长不变，垂直投影聚为点，倾斜投影长缩短。

三、平面的投影

（1）平行于投影面的平面，其投影与空间平面的形状、大小完全一样，即投影反映空间平面的实形，如图 2-3 中平面 EFGH 的投影 efgh。

（2）垂直于投影面的平面，其投影积聚为一条直线，如图 2-3 中的平面 ABCD 的投影 a（c）b（d）。

（3）倾斜于投影面的平面，其投影为小于空间平面的类似形，如图 2-3 中 MNJK 的投影 mnjk。

为便于记忆，平面的投影可按下列口诀记忆：平行投影真形显，垂直投影聚为线，倾斜投影形改变。

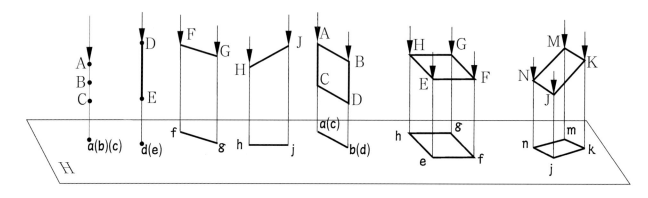

图2-3 点、直线和平面的正投影特性

第三节 三视图的形成及投影关系

物体向投影面投影所得的图形叫投影图也称视图。

用正投影法绘制物体视图时，是将物体放在绘图者和投影面之间，以观察者的视线作为互相平行的投影线，将观察到的物体形状画在投影面上。

如图2-4所示，几个不同形状的物体在同一个投影面上的投影却是相同的，因此，物体的一个视图一般不能确定其真实形状，还必须有其他方向的投影，才能清楚完整地反映出物体的全貌，这就需要增加投影面，通常采用三个彼此垂直的投影面获得三面投影来表达物体形状。

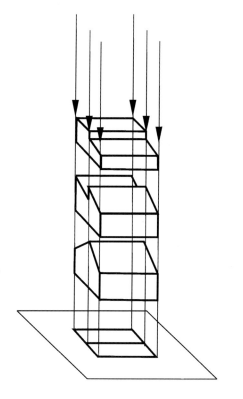

图2-4 物体的一个正投影，一般不能确定其空间形状

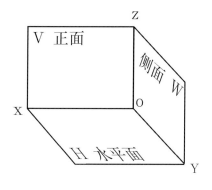

图2-5 三投影面体系

一、三视图的形成

如图2-5所示，取三个互相垂直相交的平面构成三投影面体系。

三个投影面分别为：

正立投影面V，简称正面；

水平投影面H，简称水平面；

侧立投影面W，简称侧面。

每两个投影面的交线OX、OY、OZ称投影轴，三个投影轴互相垂直相交于一点O，称为原点。

将物体置于三投影面体系中，并使其主要面处于平行于V投影面的位置，用正投影法分别向V、H、W面投影即可得到物体三个投影，通常称三视图，如图2-6。

三个视图分别为：

主视图：由前向后投影，在V面上得到的投影图；

俯视图：由上向下投影，在水平面H上得到的投影图；

左视图：由左向右投影，在W面上得到的投影图。

按国家标准规定，视图中凡可见轮廓线用实线表示；不可见轮廓线用虚线表示；对称线和中心线用细单点长画线表示。

二、投影面的展平

为了能在一张图纸上同时反映出三个视图，必须把三个互相垂直的投影面，按一定规则展开摊平在一个平

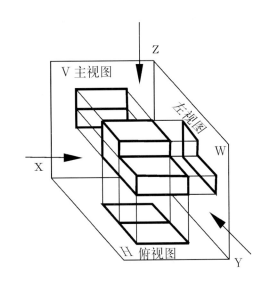

图2-6 三视图的形成

面上。展平方法是：正面V保持不动，水平面H绕OX轴向下旋转90°，侧面W绕OZ轴向右旋转90°，使V、H、W面位于同一平面上，见图2-7。

OY轴是W面与H面的交线，投影面展平后的Y轴被分为两部分，随H面旋转的Y轴用Y_H表示，随W面旋转的Y轴用Y_W表示。

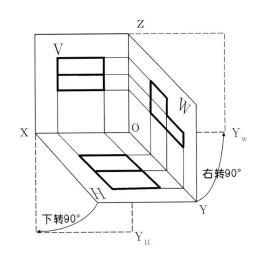

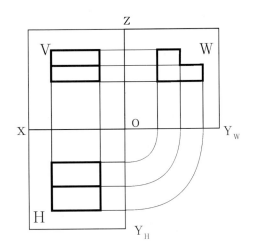

图2-7 三投影面的展平

三、三视图与空间方位的关系

物体的上、下、左、右、前、后六个方向位置，在画成三视图以后的对应关系如图2-8所示。主视图反映物体的上、下、左、右位置和前面形状；俯视图反映物体左、右、前、后位置和上面形状；左视图反映物体的上、下、前、后位置和左面形状。俯视图在主视图的正下方，左视图在主视图的正右方。熟知这些方位关系，对以后正确地画图和看图非常重要。

四、三视图间的尺寸关系

物体有长、宽、高三个方向的尺寸。三视图是由同一物体、同一位置情况下，进行三个不同方向的投影得到的，因此各视图间存在着严格的尺寸关系，如图2-9所示。

（1）主视图和俯视图相应投影长度相等，并且对正。

（2）主视图和左视图相应投影高度相等，并且平齐。

（3）俯视图和左视图相应投影宽度相等。

上述投影关系可简称为三等关系，它不仅适用于整个物体的投影，也适用于物体上每个局部的投影。为了便于记忆，我们将三等关系作如下简述：主、俯长对正，主、左高平齐，俯、左宽相等。

思考与练习：

1．何谓投影？

2．何谓投影法？投影法有几种？

3．在正投影法中，点、直线、平面有哪些投影特性？

4．何谓三投影面体系？为什么采用三投影面体系？

5．三视图是怎样形成的？

6．何谓"三等"关系？

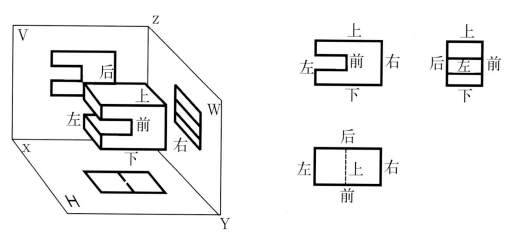

图2-8　三视图与空间方位的关系

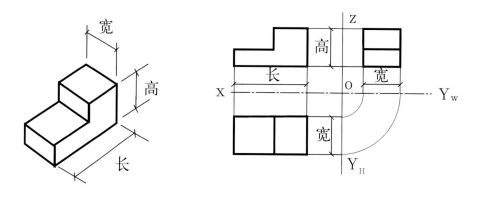

图2-9　三视图间的尺寸关系

第**3**章

点、直线和平面的三面投影

本章要点
- 点的三面投影规律
- 直线的三面投影特性
- 平面的三面投影特性

点、直线和平面是构成物体的最基本几何元素。本章将对这些元素在三投影面体系中的投影作进一步的分析，为以后绘制较复杂物体的投影打下一个良好基础。

第一节　点的投影

如图3-1a所示，长方体上有一点A，A点的三面投影就是由A向三个投影面所做垂线的垂足。

A点在水平面H上的投影称为水平投影，用a表示；

A点在正面V上的投影称为正面投影，用a'表示；

A点在侧面W上的投影称为侧面投影，用a''表示。

一、点的投影规律

A点的三面投影在长方体三视图上的位置如图3-1b所示。由图可以看出，A点的三个投影之间的投影关系与三视图之间的三等关系是一致的。即：

（1）点A的水平投影a和正面投影a'的连线垂直于OX轴，即$aa' \perp OX$；

（2）点A的正面投影a'和侧面投影a''的连线垂直于OZ轴，即$a'a'' \perp OZ$。

（3）点A的水平投影a到OX轴的距离等于其侧面投影a''到OZ轴的距离。

以上三点是点在三投影面体系中的投影规律，它说明了点的三面投影之间的关系，是画图和读图的重要依据。

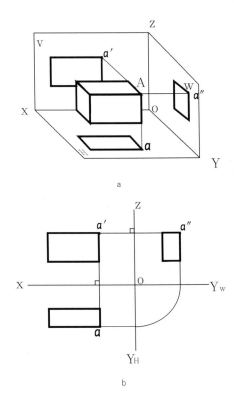

a

b

图3-1　点的三面投影

二、点的投影求法

已知A点的正面投影a'和侧面投影a''求作其水平投影a，如图3-2所示。

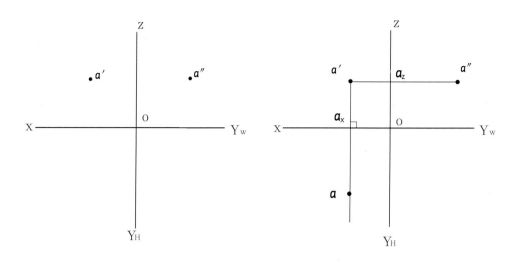

图 3-2　点的投影求法

解：根据点的投影规律，作图步骤如下：

（1）过 a′ 作 OX 轴的垂线并延长（因为 aa′⊥OX），交 OX 轴于 a_x。

（2）连 a′ a″，交 OZ 轴于 a_z，量取 $a″a_z=aa_x$，即得到 A 点的水平投影 a（因为 a 到 OX 轴距离等于 a″ 到 OZ 轴的距离）。

三、判断两点在空间的相对位置

已知 A 、B 两点的三面投影，如图 3-3 所示，试判断其在空间的相对位置。

解：根据投影与空间方位关系，若以 A 点为基准，由 V 面投影可看出 B 点在 A 点的右方、下方，再由 H 面投影可看出，B 点在 A 点的前方，即 B 点在 A 点的右下前方。

第二节　直线的投影

直线的投影一般仍是直线。根据直线在三投影面体系中的不同位置，可分为投影面平行线、投影面垂直线和一般位置直线三种。

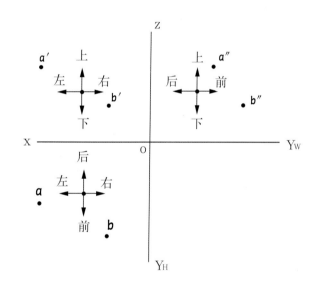

图 3-3　判断两点的空间位置

一、投影面平行线

仅平行于一个投影面而与另两个投影面倾斜的直线称为投影面平行线，有以下三种：

（1）正平线，它与 V 面平行，倾斜于 H 面及 W 面；

（2）水平线，它与 H 面平行，倾斜于 V 面及 W 面；

（3）侧平线，它与 W 面平行，倾斜于 V 面及 H 面；见表 3-1。

表 3-1 投影面平行线

名称	正平线	水平线	侧平线
直观图			
投影图			
投影特征	1. $a'd'$ 反映实长。 2. $ad//ox$, $a''d''//oz$。 3. $ad \perp oy_H$, $a''d'' \perp oy_w$。	1. ag 反映实长。 2. $a'g'//ox$, $a''g''//oy_w$。 3. $a''g' \perp oz$, $a''g'' \perp oz$。	1. $h''n''$ 反映实长。 2. $hn//oy_H$, $h'n'//oz$。 3. $hn \perp ox$, $h'n' \perp ox$。

投影面平行线的投影特性：直线在与其平行的投影面上的投影反映实长，并倾斜投影轴，其余两个投影分别平行不同投影轴，共同垂直于同一投影轴，且小于实长。

二、投影面垂直线

垂直于某个投影面的直线称为投影面垂直线。投影面垂直线有以下三种：

(1)正垂线，它垂直于 V 面，平行于 H 面及 W 面；

(2)铅垂线，它垂直于 H 面，平行于 V 面及 W 面；

(3)侧垂线，它垂直于 W 面，平行于 V 面及 H 面。

见表3—2。

表3—2　投影面垂直线

名称	铅垂线	正垂线	侧垂线
直观图	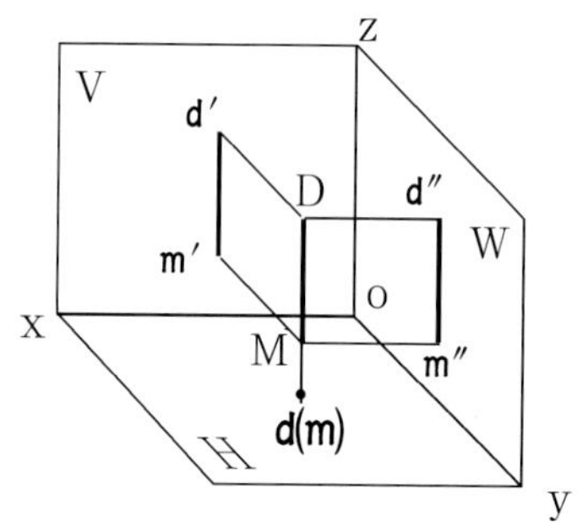	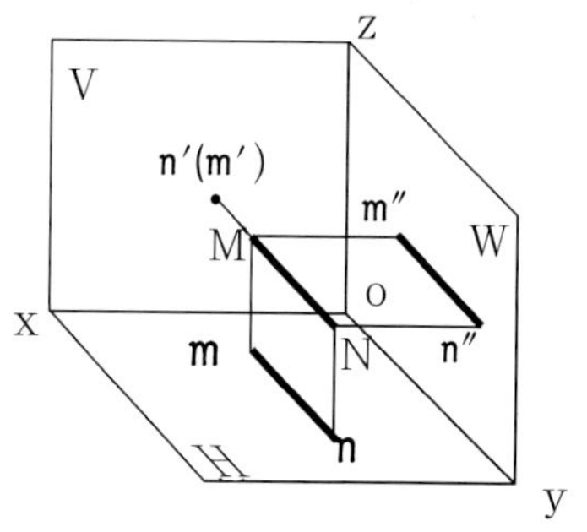	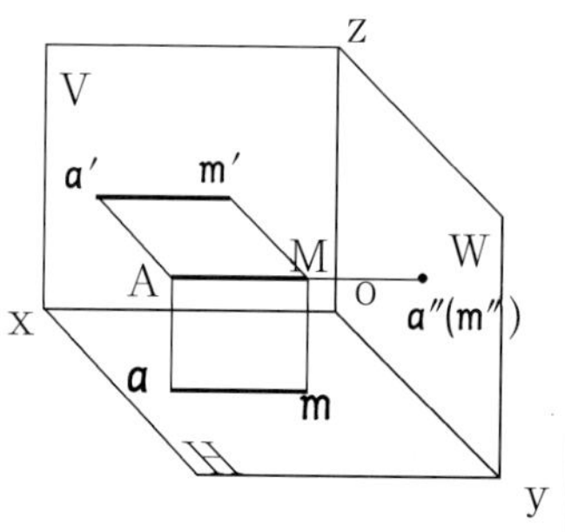
投影图	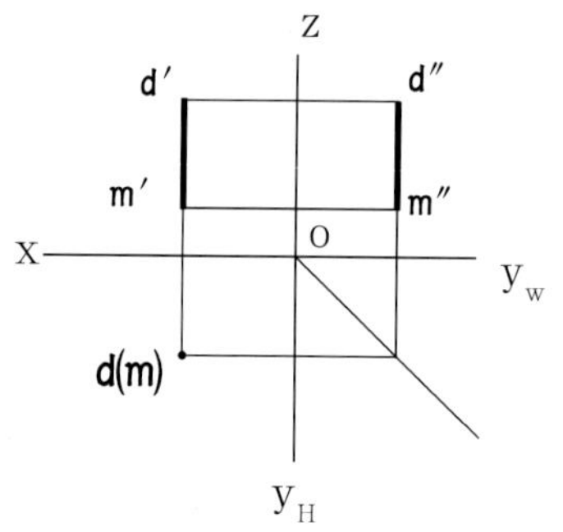	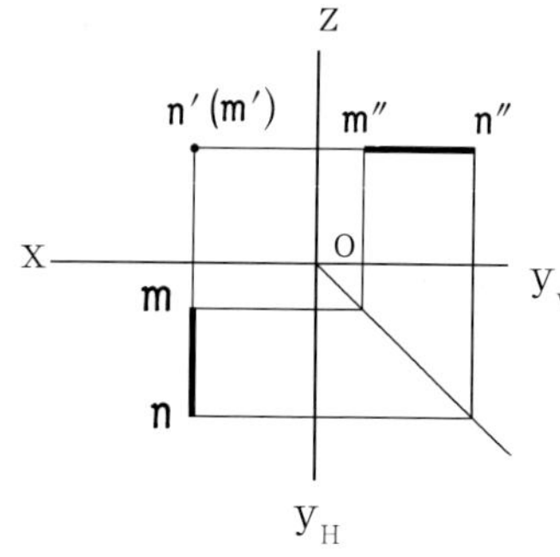	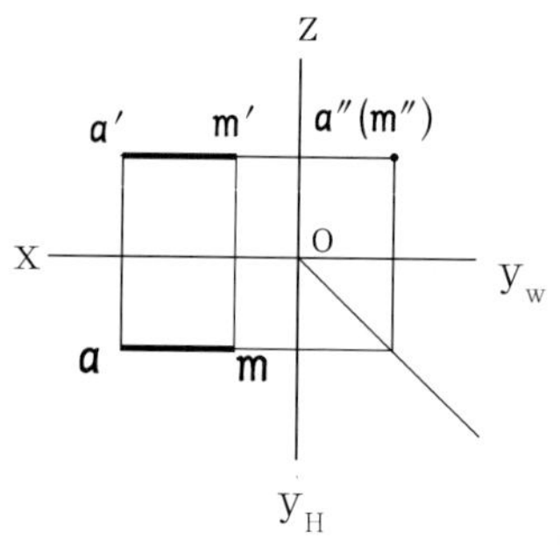
投影特性	1.d(m)积聚成一点。 2.$d'm' \perp ox$，$d''m'' \perp oy_W$。 3.$d'm'$ 和$d''m''$ 反映实长。 4.$d'm'//oz$，$d''m''//oz$。	1.$n'(m')$积聚成一点。 2.$nm \perp ox$，$n''m'' \perp oz$。 3.nm 和$n''m''$ 反映实长。 4.$nm// oy_H$，$n''m'' // oy_W$。	1.$a''(m'')$积聚成一点。 2.$am \perp oy_H$，$a'm' \perp oz$。 3.am 和$a'm'$ 反映实长。 4.$am//ox$，$a'm' //ox$。

投影面垂直线的投影特性：直线在与其垂直的投影面上的投影积聚为一点；另两个投影分别垂直于不同的投影轴，共同平行于同一投影轴，且反映实长。

三、一般位置直线

与三个投影面都倾斜的直线，称为一般位置直线。

一般位置直线的投影特性：在三个投影面上的投影都倾斜投影轴，且均小于实长，如图3—4中AS的投影。

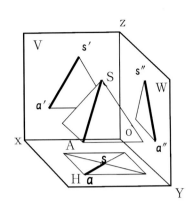

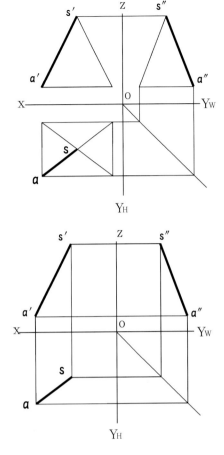

图 3-4 一般位置直线的投影

四、直线实长的求法

我们知道一般位置直线的各个投影都不反映直线实长，而在工程中往往需要求得其实长，下面介绍一种求直线实长的方法——直角三角形法。

已知直线 AB 的 H 面和 V 面投影，求直线 AB 的实长。作图方法如图 3-5 所示，步骤如下：

（1）过 a 作 ac//OX 轴，过 b 作 bc ⊥ ac；

（2）过 a' 作 a'b' 的垂线，并截取 a'A₁=bc；

（3）连 b'A₁，即为所求 AB 直线的实长。

用直角三角形法求直线实长的要点可归纳如下：

（1）以直线的一个投影为一直角边。

（2）以直线另一投影的两个端点到相应投影轴的距离之差为另一直角边作直角三角形，其斜边即为直线的实长。

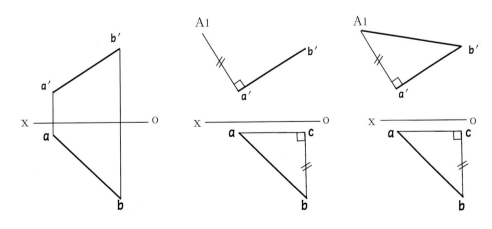

图 3-5　用直角三角形法求直线实长

五、两直线的相对位置

空间两直线的相对位置有三种：平行、相交和交叉。

1.平行两直线的投影特性

空间平行的二直线，它们的各同面投影也一定平行，如图3-6所示。

2.相交的两直线的投影特性

空间相交的二直线，它们的各同面投影也一定相交，且交点符合点的投影规律，如图3-7所示。

3.交叉两直线的投影特性

既不平行也不相交的二直线叫交叉直线。其同面投影有时也会相交，但交点不满足点的投影规律；有时会平行，但不会在三个投影面上的同面投影都平行，如图3-8所示。

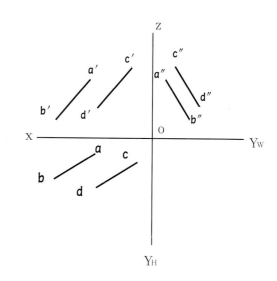

图3-6　平行的两直线的投影

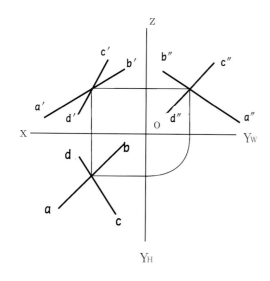

图3-7　相交的两直线的投影

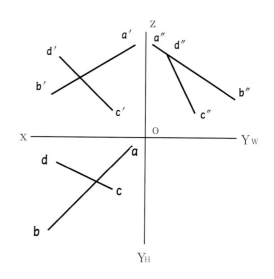

图3-8　交叉的两直线的投影

第三节　平面的投影

平面一般用三角形、四边形等平面形来表示。根据平面在三投影面体系中的位置不同，可分为投影面垂直面、投影面平行面及一般位置平面三种。

一、投影面垂直面

垂直于一个投影面而与另两个投影面倾斜的平面称为投影面垂直面，有以下三种（表3-3）。

表3-3　投影面垂直面

名称	直观图	投影图	投影特征
铅垂面			1.在H面上的投影积聚为一条与投影轴倾斜的直线。 2.在V、W面上的投影为小于实形的类似形。
正垂面			1.在V面上的投影积聚为一条与投影轴倾斜的直线。 2.在H、W面上的投影为小于实形的类似形。
侧垂面			1.在W面上的投影积聚为一条与投影轴倾斜的直线。 2.在V、H面上的投影为小于实形的类似形。

（1）正垂面，它垂直于 V 面，倾斜于 H 面和 W 面；

（2）铅垂面，它垂直于 H 面，倾斜于 V 面和 W 面；

（3）侧垂面，它垂直于 W 面，倾斜于 V 面和 H 面。

投影面垂直面的投影特性：在与平面垂直的投影面上的投影积聚成一条与投影轴倾斜的直线；其余两个投影为小于原平面形的类似形。

二、投影面平行面

平行于一个投影面，同时垂直于另两个投影面的平面称为投影面平行面。有以下三种（表 3-4）：

表 3-4 投影面平行面

名称	直观图	投影图	投影特征
水平面	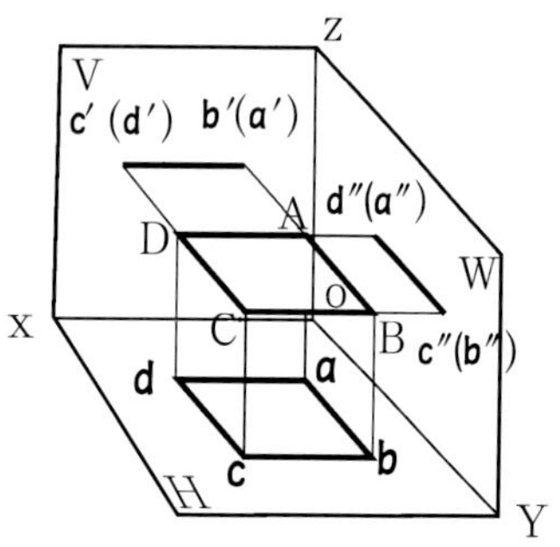	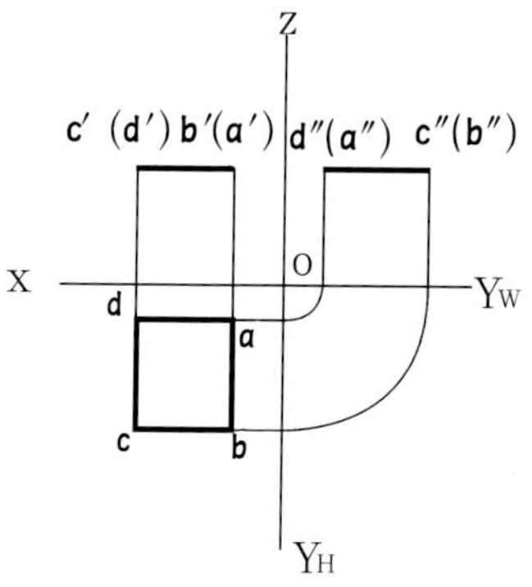	1.在 H 面上的投影反映实形。 2.在 V 面、W 面上的投影积聚为一条直线，且分别平行于 ox 轴和 OY_w 轴，共同垂直于 oz 轴。
正平面	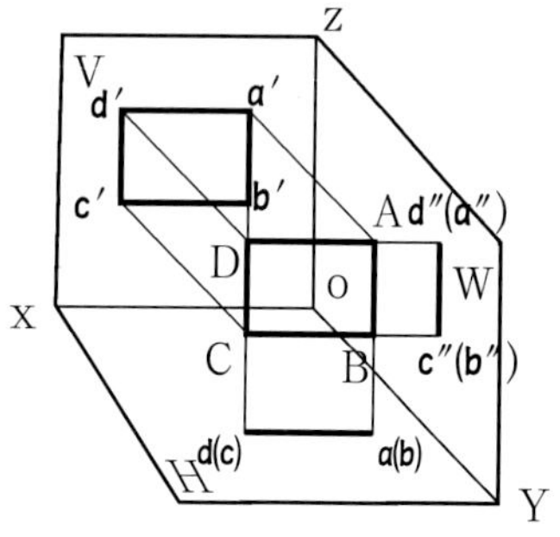	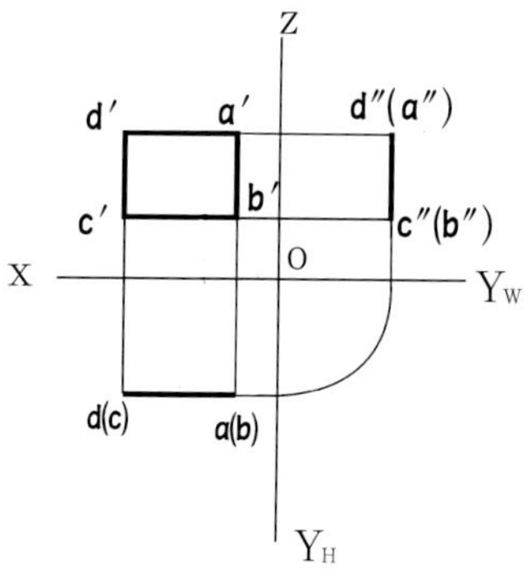	1.在 V 面上的投影反映实形。 2.在 H 面、W 面上的投影积聚为一条直线，且分别平行于 ox 轴和 oz 轴，共同垂直于 OY 轴。
侧平面	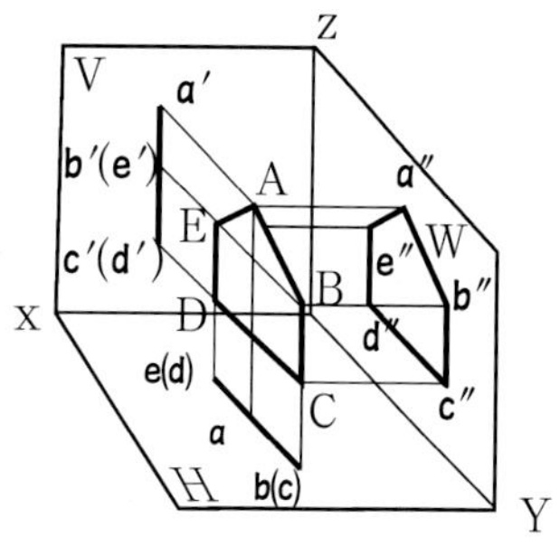	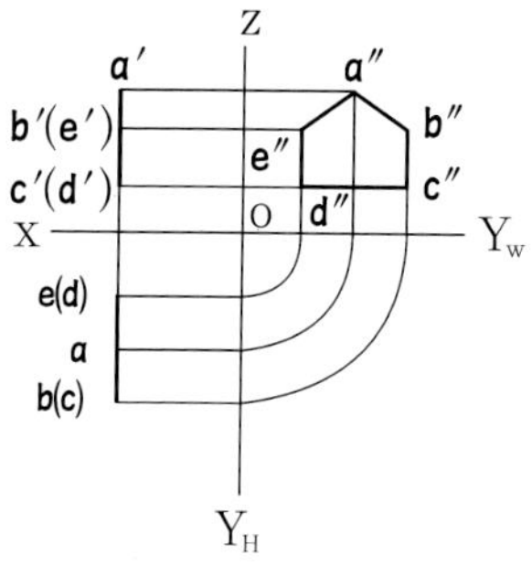	1.在 W 面上的投影反映实形。 2.在 V 面、H 面上的投影积聚为一条直线，且分别平行于 oz 轴和 OY_H 轴，共同垂直于 ox 轴。

（1）正平面，它平行于 V 面，垂直于 H 面和 W 面；

（2）水平面，它平行于 H 面，垂直于 V 面和 W 面；

（3）侧平面，它平行于 W 面，垂直于 V 面和 H 面。

投影面平行面的投影特性：在与之平行的投影面上的投影反映实形；其余两个投影积聚为直线且分别平行于不同的投影轴，共同垂直于同一投影轴。

三、一般位置平面

在三投影面体系中，对三个投影面都倾斜的平面称为一般位置平面，如图 3-9 中的三角形 ABC。

一般位置平面的投影特点：它的三个投影既不反映实形，也没有积聚性，均为小于实形的类似形。

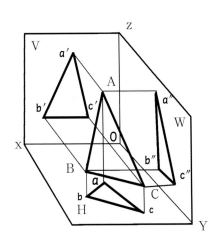

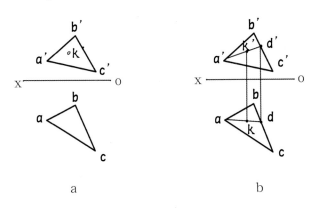

图 3-9 一般位置平面

四、平面上的直线和点的投影求法

由几何学我们知道：如果一条直线通过平面上的两个点，则此直线一定在该平面上；如果一个点在某平面内的直线上，则该点必在该平面上。据此，我们在平面上找点，首先要在平面上画线。下面举例说明其作图方法。

已知三角形 ABC 的投影及其上一点 K 的 V 面投影 k′（见图 3-10a），求作点 K 的 H 面投影 k。

解：1. 连 a′k′ 交 b′c′ 于 d′，过 d′ 向下作垂线交 bc 于 d，连 ad；

2. 过 k′ 向下作垂线，交 ad 于 k，k 即为所求，见图 3-10b。

a

b

图 3-10 求作平面上点的投影

思考与练习：

1. 点的三面投影有何规律？

2. 何谓投影面平行线？投影面平行线有何投影特性？

3. 何谓投影面垂直线？投影面垂直线有何投影特性？

4. 何谓投影面平行面？投影面平行面的投影特性是什么？

5. 何谓投影面垂直面？投影面垂直面的投影特性是什么？

6. 怎样用直角三角形法求直线的实长？

7. 怎样判断两点的相对位置？

8. 已知点 A、B、C、D 的两个投影，作出各点的第三个投影。

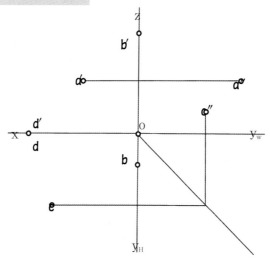

（第8题）

9. 作出下列直线的第三投影，并说明各直线是何种位置直线。

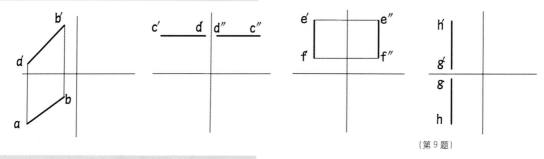

（第9题）

10. 检验直线 AB、CD 的相对位置，并按检验结果在括号内填写平行、相交或交叉。

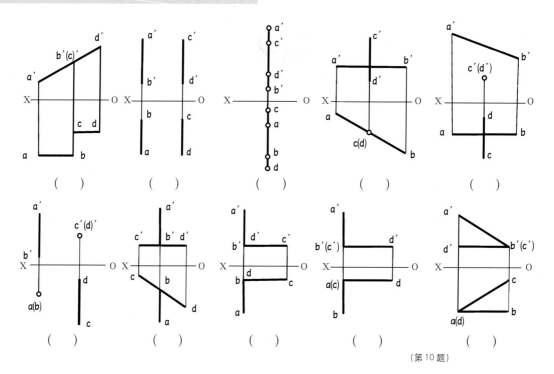

（第10题）

11. 求直线 AB、CD 的实长。

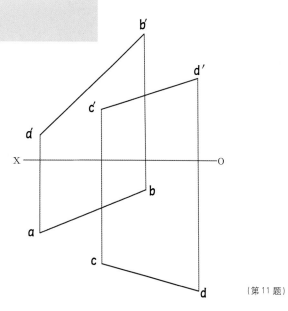

（第11题）

12. 作出第三投影并填写平面的名称。

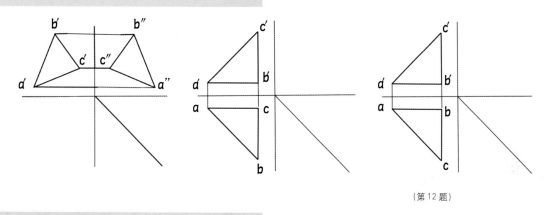

（第12题）

13. ①已知矩形PQRS上的一个五边形ABCDE的V面投影，作出它的H面投影；

②完成平面五边形ABCDE的H面投影。

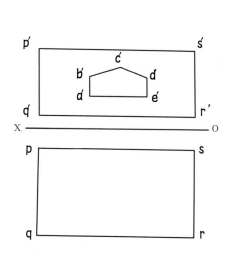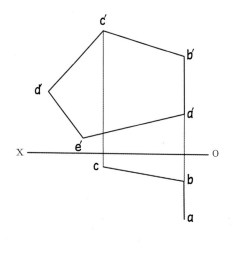

（第13题）

第**4**章

本章要点
● 平面体和曲面体投影特点及画法
● 形体分析法
● 组合体投影图的画法及尺寸标注

体的投影

大多数物体,不管其形状多么复杂,都可看做是由棱柱、棱锥、圆柱、圆锥、圆球等基本几何体按一定方式组合而成,如图4-1、图4-2所示。因此,基本几何体是构成各种物体的基础。本章主要以点、线、面的投影原理为基础,介绍一些常见基本几何体及组合体的三视图画法。

按照基本几何体的表面性质,可分为平面体和曲面体两大类。

第一节　平面体的投影

表面均由平面围成的物体称为平面体,最常见的平面体有棱柱和棱锥。

一、棱柱体的三视图

现以正六棱柱为例来进行分析,如图4-3(a)所示。它的上下底面为正六边形,六个侧面为相等的矩形。

1.位置摆放

为准确表达六棱柱形状和方便画图,使正六棱柱的上、下底面与 H 面平行,前、后两个侧面与 V 面平行,如图4-3(b)所示。

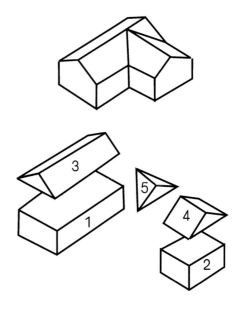

图4-1　房屋的形体组合

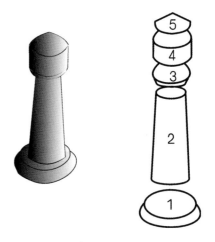

图4-2　水塔的形体组合

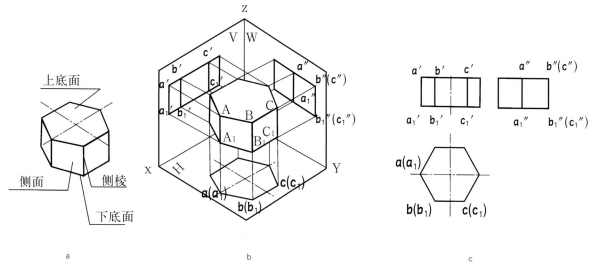

图 4-3　正六棱柱的投影分析

2.视图分析

（1）正六棱柱的俯视图是上、下底面的重合投影，并且反映上、下底面的实形（正六边形）。六边形的六条边是六个侧面的积聚投影。六边形的六个角点是六条棱线的积聚投影。

（2）六棱柱的主视图是三个相连的矩形。中间较大的矩形$b'b'_1c'c'_1$是六棱柱前后两个侧面的投影，反映实形；左右两个较小的矩形是六棱柱其余四个侧面的投影，为小于实形的类似形。六棱柱的上、下底面积聚为上、下两条直线。

（3）六棱柱的左视图是两个相连的等大矩形，是左、右四个侧面投影的重合，为小于实形的类似形。前、后两个侧面的投影积聚为左右两条直线；上、下底面的投影积聚为上、下两条直线，如图 4-3(c)所示。

3.作图步骤

正六棱柱三视图的作图步骤如图 4-4 所示。

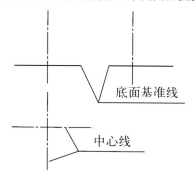

（a）　布置图面，画出作图基准线

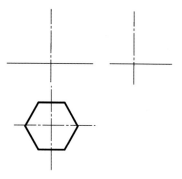

（b）　先画出显实形的正六边形

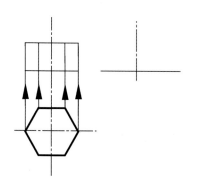

（c）　按投影关系和柱高画主视图

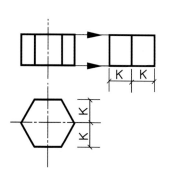

（d）　按高平齐、宽相等画左视图

图 4-4　正六棱柱三视图的作图步骤

二、棱锥体的三视图

以正三棱锥为例进行分析。如图4-5a，它的底面为等边三角形，三个侧面为等腰三角形，三条侧棱相交于锥顶S。

1.位置摆放

使正三棱锥的底面与H面平行，侧面SAC与W面垂直，如图4-5b所示。

2.视图分析

（1）在俯视图中，因三棱锥底面平行H面，所以△abc反映实形。由于是正三棱锥，所以锥顶S的水平投影s位于△abc的形心上（三个角平分线的交点上）。sa、sb、sc为三条侧棱的投影，它们把△abc分成三个等腰三角形，分别是正三棱锥三个侧面的投影。

（2）在主视图中，底面的投影积聚为一条直线a'c'。三个侧面都倾斜V面，所以在V面上的投影均不反映实形。

（3）在左视图中，底面的投影积聚为一条直线a"b"。侧面SAC为侧垂面，其投影积聚为一条直线s"a"(c")。另两个侧面与W面倾斜，其投影不反映实形。侧棱SB为侧平线，其投影s"b"反映实长。

注意：正三棱锥的左视图不是一个等腰三角形，宽度y_1、y_2应与俯视图中相应宽度相等，如图4-5c所示。

3.作图步骤

正三棱锥三视图的作图步骤如图4-6所示。

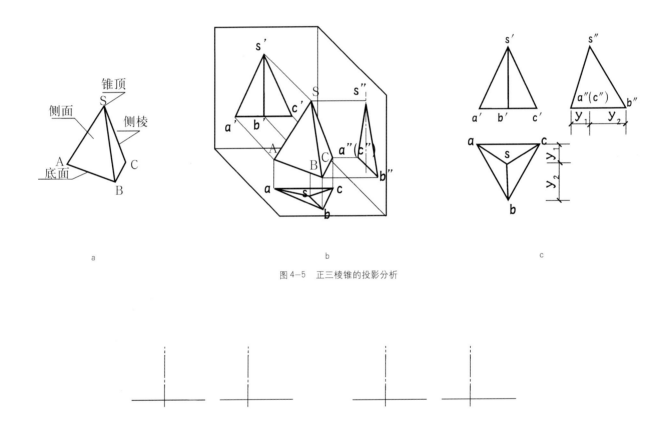

| a | b | c |

图4-5 正三棱锥的投影分析

a 布置图面，画出作图基准线　　　　　　　　b 先画出显实形的俯视图

图4-6 正三棱锥三视图的作图步骤

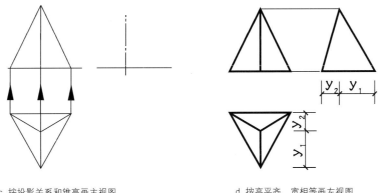

c 按投影关系和锥高画主视图　　　　　d 按高平齐、宽相等画左视图

图4-6　正三棱锥三视图的作图步骤

三、常见平面体的三视图

图4-7就是用前述方法画出的一些常见平面体的三视图，可对照立体图，搞清视图间的尺寸关系及空间方位的对应关系，记住其表达方法，对以后画复杂形体三视图时会很有帮助。

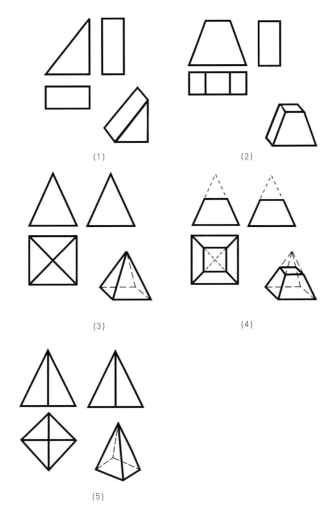

(1)　　　　　　　　　　　(2)

(3)　　　　　　　　　　　(4)

(5)

图4-7　常见平面体的三视图

(1)直角三棱柱　(2)梯形四棱台　(3)四棱锥　(4)正四棱台　(5)另一位置时的四棱锥

第二节　曲面体的投影

由曲面或由曲面和平面围成的形体称为曲面体。常见的曲面体有圆柱、圆锥和圆环等。

一、圆柱

1.圆柱的形成

圆柱由两个互相平行且相等的平面圆和一圆柱面所围成。圆柱面是由一直线 AA_1 绕与其平行的轴线 OO_1 旋转一周而成。AA_1 叫母线，圆柱面上任一位置与轴线平行的直线称为素线（如图4-8）。

2.视图分析

使圆柱的顶面和底面平行H面，即轴线与H面垂直，如图4-9所示。

（1）俯视图为反映圆柱上、下底面实形的圆。该圆的圆周为圆柱面的积聚投影。

（2）主视图为一矩形，其上、下两条边是圆柱上、下底面的积聚投影，其余两边 $a'a_1'$ 和 $b'b_1'$ 是圆柱面上最左与最右两条素线 AA_1 和 BB_1 的投影，称为轮廓素线。

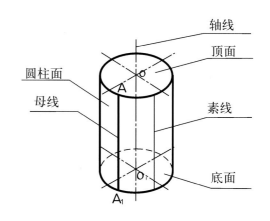

图4-8　圆柱的形成

轮廓素线是对某一方向投影而言的，曲面上可见与不可见部分的分界线，对不同方向的投影、轮廓素线是不同的，对某一投影面投影时的轮廓素线，在向另一投影面投影时不得画出。

（3）左视图也是一个矩形，$c''c_1''$ 和 $d''d_1''$ 是圆柱面上最前、最后两条素线 CC_1 和 DD_1 的投影。

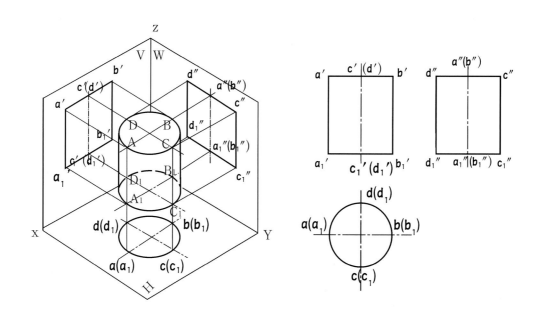

图4-9　圆柱的投影分析

3.作图步骤

圆柱三视图的作图步骤如图 4-10 所示。

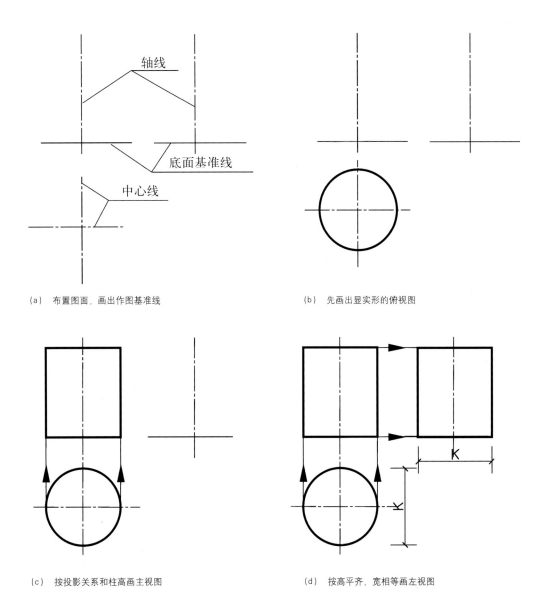

(a) 布置图面，画出作图基准线　　　　　　(b) 先画出显实形的俯视图

(c) 按投影关系和柱高画主视图　　　　　　(d) 按高平齐、宽相等画左视图

图 4-10　圆柱三视图的作图步骤

二、圆锥

1.圆锥的形成

圆锥是由圆锥面及底面圆所围成（图4-11）。

圆锥面是由一直线SA绕与其相交的轴线 OO_1 旋转一周而成。SA称为母线，母线在旋转过程中的任一位置称为素线，母线上任一点M随母线旋转的轨迹均为圆，这些圆称纬圆。

2.视图分析

使圆锥底面圆与H面平行，如图4-12所示。

（1）俯视图是一个反映底面实形的圆。该圆也是圆锥面的水平投影，锥顶S的投影位于圆心。

（2）主视图是一个等腰三角形。底边为圆锥底面圆的积聚性投影；两腰为圆锥面上最左、最右两条轮廓素线SA、SB的投影。

（3）左视图也是一等腰三角形。底边仍是底面圆的积聚性投影，两腰为锥面上最前、最后两条轮廓素线SC、SD的投影。

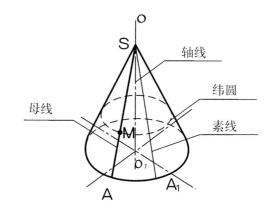

图4-11 圆锥的形成

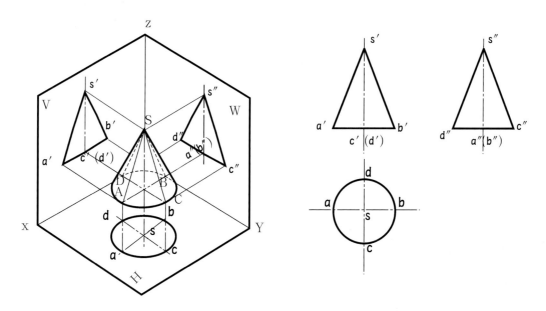

图4-12 圆锥的投影分析

3.圆锥三视图的作图步骤

圆锥三视图的作图步骤如图4−13所示。

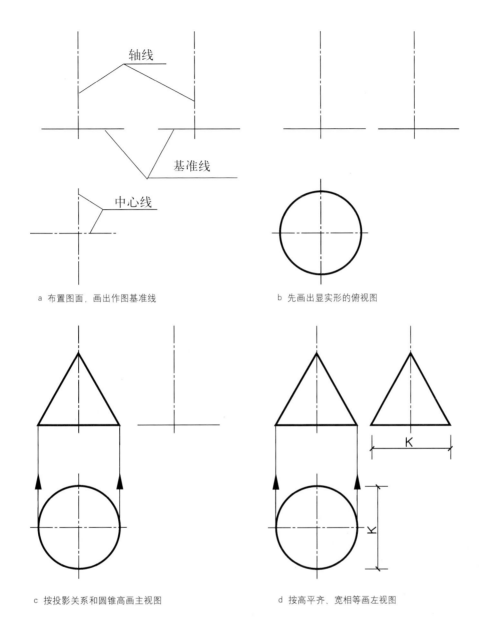

图4−13　圆锥三视图的作图步骤

三、圆环

1.圆环的形成

一个圆母线绕一与它在同平面内的回转轴线旋转一周而成。

2.视图分析

使圆环的回转轴线垂直H面，即将圆环平放。其三视图如图4−14所示。

（1）圆环俯视图由三个同心圆组成，圆环的最大圆和最小圆用实线画出，母线圆圆心的旋转轨迹用细单点长画线圆画出。

（2）圆环主视图是由平行V面的两个母线圆加上圆环最高和最低的两个圆的投影组成。

（3）左视图是由平行W面的两个母线圆加上圆环最高和最低两个圆的投影组成。

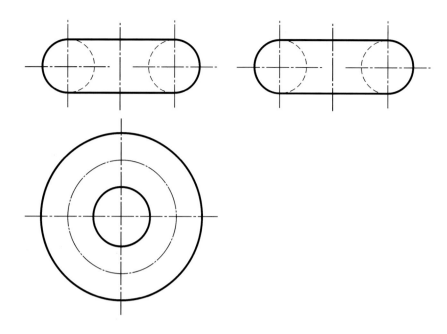

图 4-14　圆环的三视图

3.作图步骤

圆环三视图的画图步骤如图 4-15 所示。

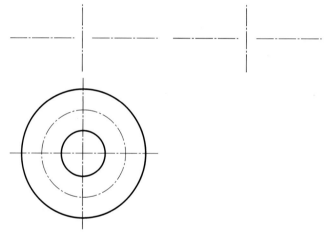

（a）　布置图面，画出作图基准线，画出俯视图

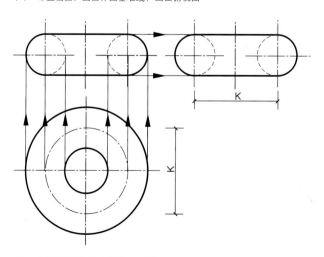

（b）　按投影关系画出主视图、左视图

图 4-15　圆环三视图的画图步骤

四、圆球

1.圆球的形成

一个半圆母线以它的直径为回转轴,旋转一周形成的表面称圆球面,简称球面或圆球,如图4-16a所示。

二、组合体的类型

(1)叠加型　可以看做是由若干个几何体叠加而成,如图4-17所示。

(2)切割型　可以看做是由一个几何体切去了某些部分而成,如图4-19所示。

(3)混合型　可以看做是由叠加型和切割型混合构成。

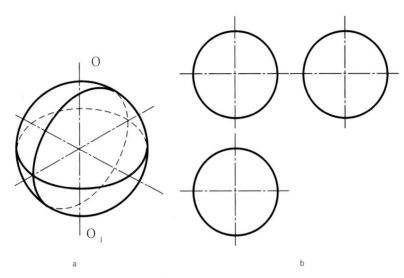

图4-16　圆球及其三视图

2.视图分析

圆球的三个视图均为等大的圆,如图4-16b所示,它们的直径就是圆球的直径。虽然三个视图形状大小完全一样,但圆形轮廓素线在圆球表面上的位置都不相同。

主视图的圆是平行 V 面的球面上最大圆的投影;
俯视图的圆是平行 H 面的球面上最大圆的投影;
左视图的圆是平行 W 面的球面上最大圆的投影。

第三节　组合体的投影

物体大多都是由一些简单的基本几何体所组成,这种由多个基本几何体按一定方式组合而成的形体,称为组合体,如图4-17、图4-19等。

一、形体分析法

由于组合体形状比较复杂,为简化其画图及尺寸标注,可设想把组合体分解成若干个简单形体,分别弄清楚各简单形体的形状及投影,这种分析组合体的结构和投影的方法叫形体分析法。这种方法可以化繁为简,把复杂问题变为简单的问题。所以,它是组合体作图时的基本方法。

三、组合体三视图的画法

画图方法步骤如下:

(1)先作形体分析,分清该物体的组合类型及组成部分。

(2)选好主视图,确定摆放位置,把最能反映形体特征的面作为主视图,并使尽量多的面与投影面平行或垂直。

(3)确定视图数量,每个视图都要完成其他视图无法表达的任务。

(4)确定比例,选定图幅。

(5)布置视图位置,按形体分析结果依次画图。

画图原则:先画显实形部分,后画变形部分;先画可见部分,后画不可见部分;先画主要部分,后画次要部分;先画圆和圆弧,后画直线。各视图要配合着画,不要只是逐个画完。

1. 叠加型组合体三视图的画法

现以一基础模型为例,如图4-17,说明其画法。

(1)形体分析

该基础模型可看成由1、2、3、4四个平面几何体叠加而成。

（2）选择主视图

主视图是三视图中最主要的视图，选择主视图时，一般应将最能反映物体形状特征的面平行 V 面，同时要使尽量多的平面与投影面平行或垂直。

（3）分别画出各组成部分的三视图，如图 4-18。

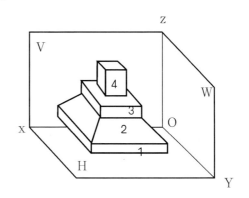

图 4-17　基础模型

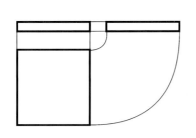

1　作四棱柱 1 的投影

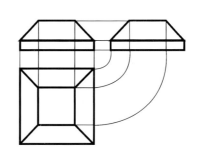

2　作四棱柱 2 的投影

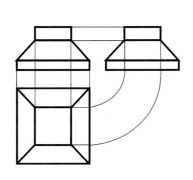

3　作四棱柱 3 的投影

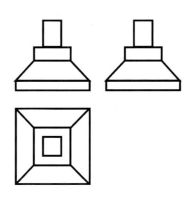

4　作四棱柱 4 的投影并加深

图 4-18　基础模型三视图的画法

2. 切割型组合体三视图的画法

图4-19是一种切割型组合体。由一圆柱体挖去一个同轴同高的小圆柱体后，再在其上端切去一段半圆管，其作图步骤如图4-20所示。

3. 混合型组合体三视图的画法及形体分析法与叠加型及切割型相同

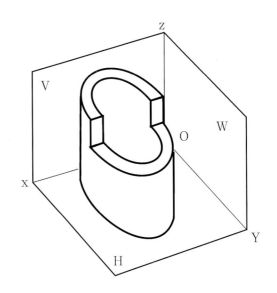

图4-19 切割型组合体

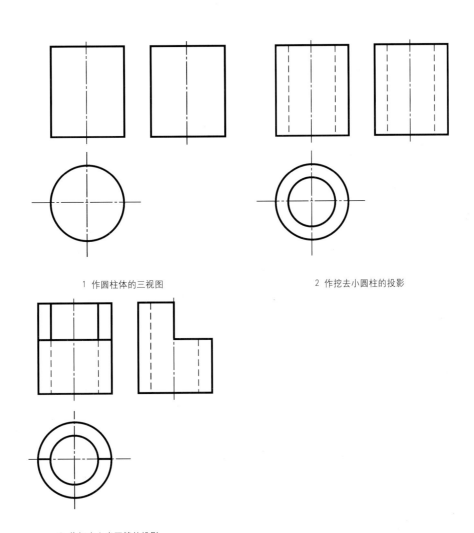

1 作圆柱体的三视图   2 作挖去小圆柱的投影

3 作切去上半圆管的投影

图4-20 切割型组合体三视图画法

第四节　投影图的尺寸标注

一、尺寸标注的基本要求

（1）标注正确：尺寸标注应符合国家标准规定。
（2）标注完整：各部分尺寸齐全，不多也不少。
（3）标注清晰：尺寸布置整齐，便于阅读。

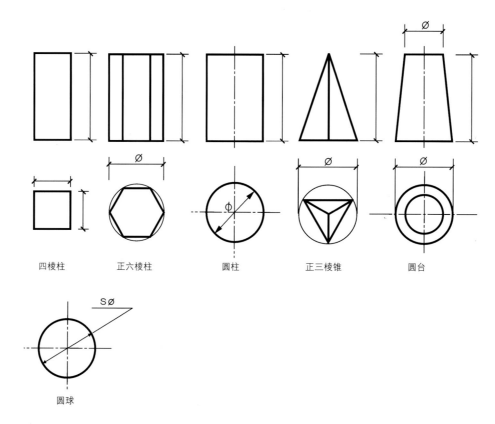

图4-21　常见几何体的尺寸注法

二、几何体的尺寸标注

对于基本几何体只要注出其长、宽、高或直径即可。常见几何体的尺寸标注见图4-21所示。

三、组合体尺寸分类

组合体的尺寸可分为以下三类：
（1）细部尺寸　确定组合体各部分形状大小的尺寸。

如图4-22中底板A的长为100，宽为50，高为10。
（2）定位尺寸　确定组合体各部分之间相对位置的尺寸。如图4-22中底板上四个圆孔的中心间距70和30。
（3）总尺寸　表示组合体总长、总宽和总高的尺寸。如图4-22中长100，宽50，高75。

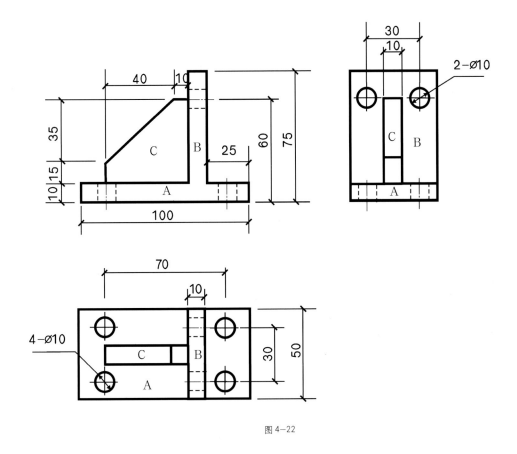

图 4—22

四、尺寸标注应遵循的原则

组合体形状一般比较复杂，对同一组合体尺寸注法不是唯一的，可有不同方式。但应遵循以下原则：

（1）尺寸应尽量注在最能反映形体特征的视图上。

（2）表示同一基本几何体的尺寸应尽量集中注出。

（3）与两视图有关的尺寸应尽量注在两视图之间。

（4）尺寸最好注在图形之外。

（5）相互平行的尺寸应将小尺寸注在里边。

（6）同一图上的尺寸单位应一致。

思考及练习

1．何谓平面体？

2．棱柱、棱锥有何投影特性？

3．何谓曲面体？

4．何谓轮廓素线？

5．圆柱、圆锥、圆环及球的三视图有哪些特性？

6．何谓组合体？组合体有哪几种组合形式？

7．何谓形体分析法？

8．怎样确定组合体的主视图？

9．尺寸标注有何要求？

10．组合体视图上的尺寸有哪几种？

11．根据立体图找投影图。

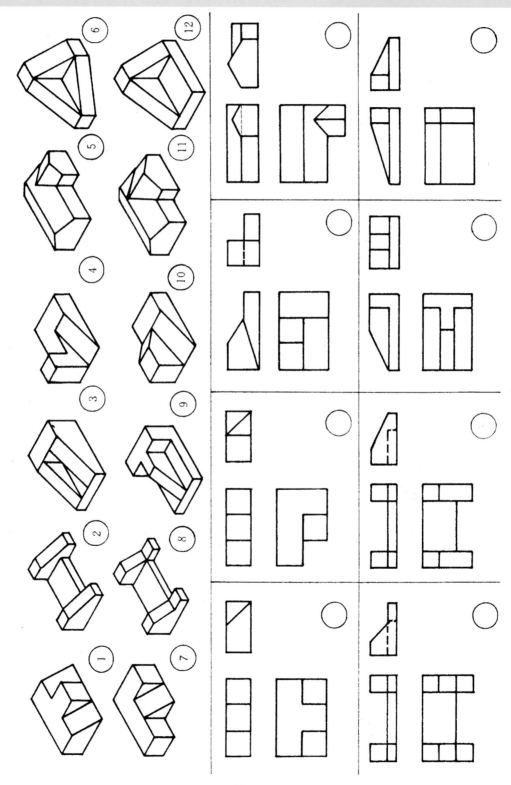

（第11题）

12. 参照立体图、投影图改错，不要的线段画"×"，缺少的线补画图线。

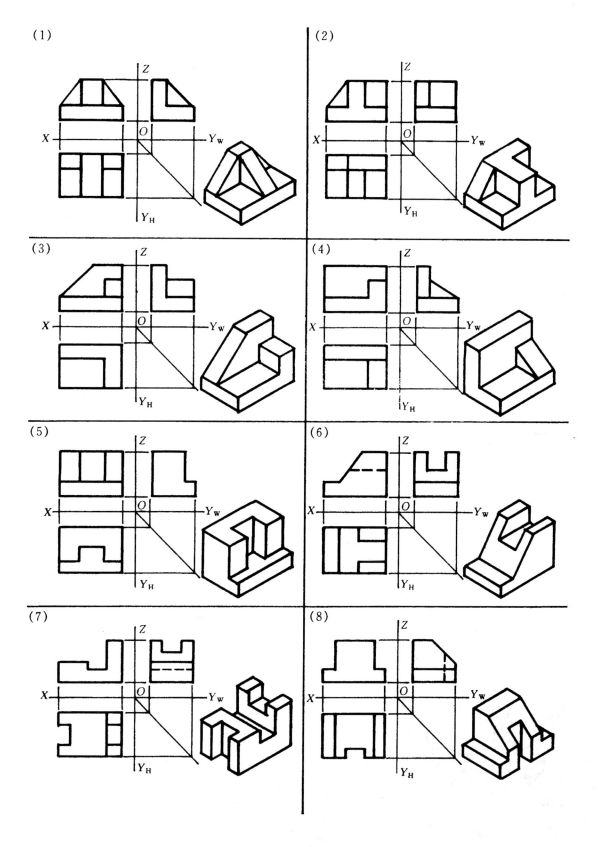

(1)

(2)

(3)

(4)

(5)

(6)

(7)

(8)

13．由立体图作组合体的三视图（尺寸由图上量取）并标注尺寸。

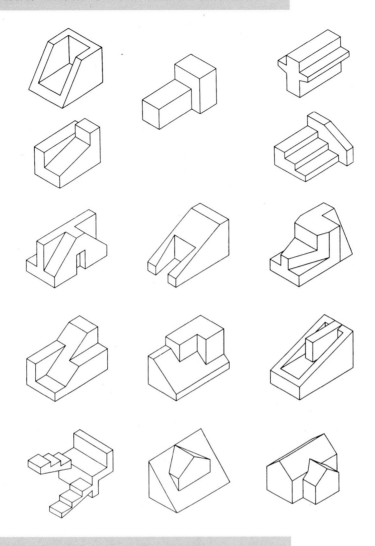

14．用 A3 图纸画组合体三视图，并标注尺寸（比例自定）。

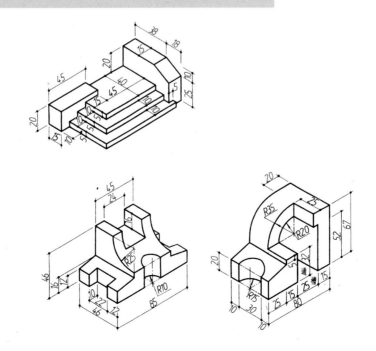

第 **5** 章

工程图样
的规定画法

本章要点
- 视图的种类及画法要求
- 剖视图的形成、种类及画法要求
- 断面图的种类及画法要求
- 材料图例
- 简化画法

在实际工程中，要在图纸上表达一项工程、一个物体、一件家具的内外形状及结构，用前面所述的三个视图往往是不够的。为此，国家建筑及家具制图标准规定了一系列的图样表达方法，以适应各种情况的需要。本章将对这些表达方法作一系统介绍。

第一节　视图

物体向投影面投影所得的图形称视图，视图一般主要用于表达形体的外形可见部分，视图可分为基本视图、斜视图、局部视图和镜像视图。

一、基本视图

形体向基本投影面投影所得的视图，称为基本视图。

国家标准规定，基本投影面为正六面体的六个内面，将形体放在正六面体中，分别向六个面投影，即可得到六个基本视图。六个基本视图分别为：

主视图（正立面图），由前向后投影得到的视图；
俯视图（平面图），由上向下投影得到的视图；
左视图（左侧立面图），由左向右投影得到的视图；
后视图（背立面图），由后向前投影得到的视图；
右视图（右侧立面图），由右向左投影得到的视图；
仰视图（底面图），由下向上投影得到的视图。

六个基本视图的形成及投影面展开方法如图 5-1 所示，展开后各视图的位置关系见图 5-2，按此位置配置视图时，可不标注视图名称，否则，必须标注图名，并在图名下画一粗实线。

六个基本视图之间应保持投影关系。在绘制工程图样时，应根据其形状的复杂程度选用视图数量。每个视图都要完成一个其他视图无法完成的表达任务，可有可无的视图坚决不画，一般优先选用主、俯、左三个视图。

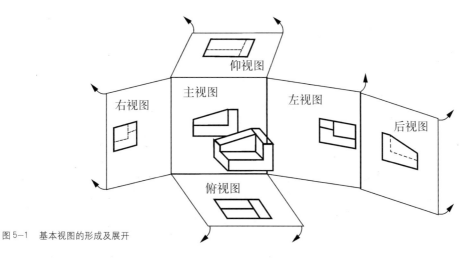

图 5-1　基本视图的形成及展开

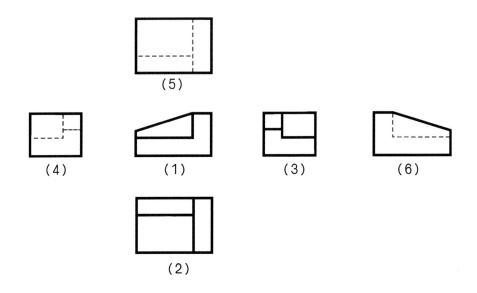

〝（1）主视图　（2）俯视图　（3）左视图　（4）右视图　（5）仰视图　（6）后视图
〝图 5-2　基本视图的位置摆放

二、斜视图与局部视图

1．斜视图

为了表达物体倾斜部分的实际形状，增加一个与倾斜部分平行的投影面，这样得到的反映倾斜部分实际形状的投影叫斜视图，见图 5-3 所示。

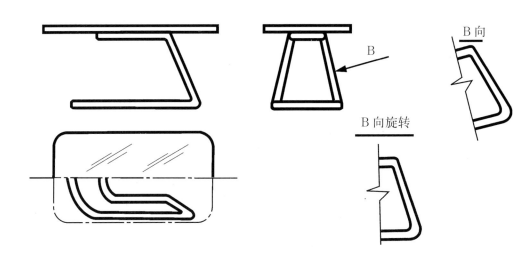

图 5-3　斜视图的应用

2．局部视图

物体的某一部分向基本投影面投影所得的视图叫局部视图。

局部视图主要用于表达某一局部结构形状，其优点是应用灵活，所画范围视需要而定，如图 5-4 所示。

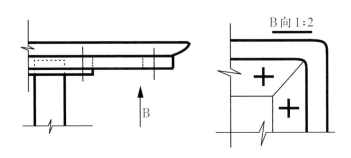

〞图 5-4　局部视图

3．斜视图与局部视图的标注方法

在斜视图和局部视图上方标注视图名称"×向"，在相应的视图附近用箭头指明投影方向并注上相同字母，当把斜视图画正时，要标注"×向旋转"。名称（如 B 向）字母（如 B）均要水平注写，如图 5-3、图 5-4 所示。

三、镜像视图

按 GB/T50001-2001 规定，当视图用第一角画法绘制不易表达时，可用镜像投影法绘制，如图 5-5a 所示。

把镜面放在物体的下面，用以代替水平投影面 H，按正投影原理，在镜面中得到反映物体底面形状的平面图，这种投影方法称镜像投影法。采用镜像投影得到的平面图，应在图名后加注"镜像"二字，如图 5-5b 所示。在室内设计中，镜像投影常用来表达室内顶棚的装修构造等。图 5-5c 是采用第一角画法绘制的底面图（仰视图）和平面图（俯视图）。

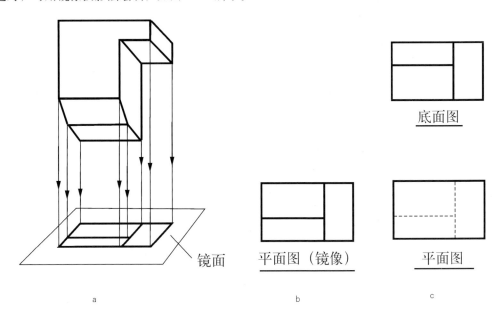

〞图 5-5　镜像投影

第二节　剖视图

一、剖视图的概念

当房屋建筑物、家具及其构、配件内部结构形状比较复杂时，在视图中会出现很多虚线，既影响图样清晰表达，又影响尺寸标注。为了清楚表达其内部的结构形状，制图标准规定了剖视图的画法，剖视图在建筑图样中称为剖面图。

1. 什么是剖视图

假想用剖切平面剖开物体，将处在观察者与剖切平面之间的部分移去，只将剩余部分向投影面投影所得的投影图叫剖视图，如图5-6所示。

画剖视图时，物体被剖切平面切到的部分应画上剖面符号（材料图例），材料不同，剖面符号一般也不同，各种材料的剖面符号画法后面专门介绍。

2. 画剖视图应注意的问题

（1）剖切平面应平行投影面。

（2）剖切平面一般应通过物体的对称面或内部孔、槽结构的轴线。

（3）剖切平面后面的可见部分的投影应全部画出。图5-7所指是初学者容易漏画的图线。

（4）采用剖视后，对已经表达清楚的结构，虚线可以省略不画。

（5）剖视图是一种假想的画法，当物体的一个视图画成剖视图后，其他视图仍应按完整物体画出。

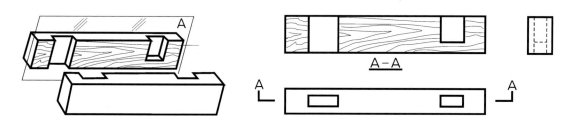

图5-6　剖视图的形成

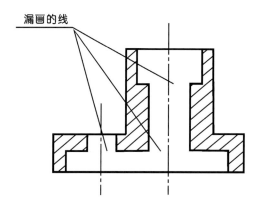

图5-7　容易漏画的线

3．剖视图的标注

剖视图的标注由剖切符号及其编号构成，如图5-8所示。

剖切符号由剖切位置线及投影方向线组成，均应以粗实线绘制。剖切位置线的长度宜为6~10mm；投影方向线应垂直于剖切位置线，长度应短于剖切位置线，宜为4~6mm。绘图时，剖切符号不应与其他图线相接触。

剖切符号的编号宜采用阿拉伯数字，按顺序由左至右，由下至上连续编排，并应注写在投影方向线的端部。

需要转折的剖切位置线，应在转角的外侧加注与该符号相同的编号。

在图样中，为了便于读图，在剖视图的下方或一侧，应标注图名，并在图名下画一粗横线，其长度等于注写文字的长度。剖视图以剖切编号命名，如图5-9所示。

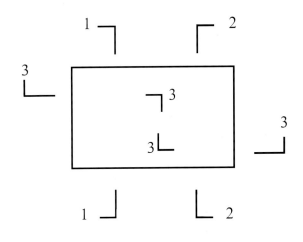

〞图5-8　剖切符号和编号

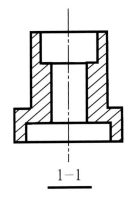

2-2 　　　　1-1

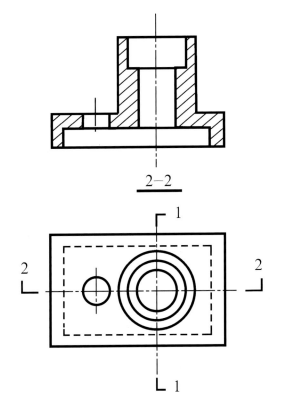

〞图5-9　剖视图的标注

二、剖视图画图方法步骤

1.画出投影图（视图）；

2.由投影图改画剖视图，即：改有关虚线为实线，去掉多余图线；

3.标注剖切符号及编号，剖到部分画上材料图例。

三、剖视图的种类及画法要求

1.全剖视图

用一个剖切平面将物体全部剖开所得到的剖视图，称为全剖视图。

全剖视图主要用来表达外形简单、内部形状较复杂而又不对称的物体，如图5-9的主视图和左视图。

全剖视图的标注按前面所述的标准规定进行标注。

2.半剖视图

当物体具有对称面时，以对称中心线为界，一半画成剖视，另一半画成视图，这种剖视图称为半剖视图。

半剖视图主要用于内、外形状都需要表达的对称物体，如图5-10所示。

画半剖视图应注意：

（1）半个视图与半个剖视图的分界线应为细单点长画线（不能画成其他图线），并在细单点长画线上画出对称符号（对称符号画法见本章第四节简化画法）。

（2）在半个视图中，表示物体内部形状的虚线可省略，但对孔、槽等要用细单点长画线标明其位置。

（3）半剖视图的标注方法与全剖视图相同，如图5-10。当剖视图按投影关系配置且剖切位置明显时可省略标注（图5-10中的标注可以省略）。

半剖视图的优点：由于半剖视主要用于对称图形的表达，它省略了一半重复画图。一半画视图，一半画剖视，同时表达了物体内、外形状，为绘图和看图节省了时间。

3. 局部剖视图

用剖切平面局部地剖开物体所得到的剖视图，称

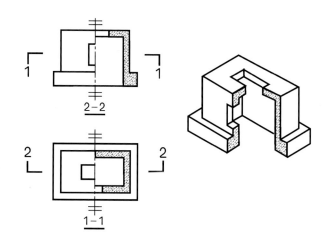

图5-10　半剖视图

为局部剖视图，如图5-11所示，显示出小门是空心板结构。

当物体仅需局部表达内部形状而无须采用全剖或半剖时，可采用局部剖视。

画局部剖视图应注意：

（1）局部剖视图的视图部分与剖视部分的分界线采用波浪线，它表示物体断裂处的边界线的投影。

（2）在同一视图中不宜采用过多的局部剖视，以免给看图带来困难。

（3）局部剖视一般不加标注。

局部剖视图的优点：局部剖视图的剖切位置、剖切范围可视需要而定，表达方法灵活。

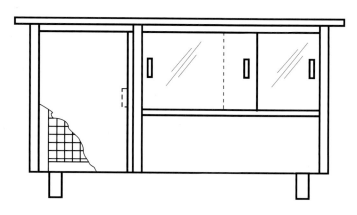

图5-11　局部剖视图

4．阶梯剖视图

用两个或多个互相平行的剖切平面剖开物体所得到的剖视图称阶梯剖视图。如图5-12a中的主视图就是阶梯剖视图。

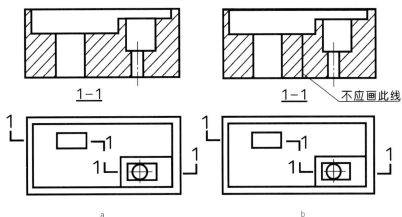

图5-12　阶梯剖视图

画阶梯剖时应注意：

（1）因为是假想剖切，两个剖切平面转折处的分界线的投影不得画出，如图5-12b所示。

（2）一般不应出现不完整的孔、槽等。

（3）采用阶梯剖必须进行标注，每个剖切平面都要用剖切符号标出，转折处也要用短粗实线画出，并在拐角外侧写上相同的数字编号，如图5-12中的1-1阶梯剖视。

5．旋转剖视图

用两个相交的剖切平面（交线垂直于某一基本投影面）剖开物体，然后旋转到与投影面平行再进行投影，这样得到的剖视图称为旋转剖视图，如图5-13中的主视图1-1。旋转剖视图应在图名后加注"展开"二字。

旋转剖视图常用于表达形体内部结构复杂，并且该形体在整体上又具有回转轴的场合。

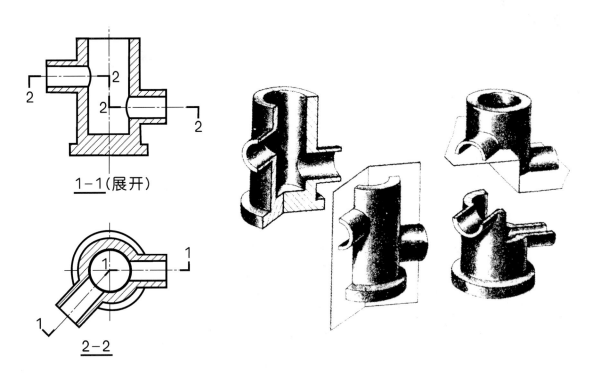

图5-13　旋转剖视图

6．分层剖切剖视图

对一些具有不同构造层次的建筑物，可按实际需要，采用分层剖切的方法，获得分层剖切剖视图。

图5-14是用分层剖切剖视图表示墙面的构造情况，图中用两条波浪线为界，分别把三层构造同时表达清楚。画分层剖视图时，应按层次以波浪线将各层分开，波浪线不应与任何图线重合，无须标注剖切符号。

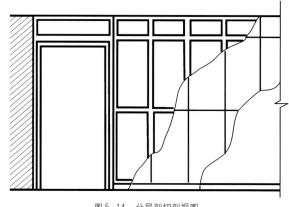

图5-14　分层剖切剖视图

第三节　断面、剖面符号（材料图例）

一、断面的概念

用平行于投影面的假想剖切平面将物体的某处切断，仅画出断面的投影，这个投影图叫断面图，简称断面。断面和剖视的区别在于：剖视图不但要画出断面的投影，而且要画出剖切平面后留下部分的全部投影。

画移出断面时应注意：

（1）移出断面必要时可放大画出，如图5-15（b）所示。

（2）移出断面可画在适当的任何地方，但必须标注名称。

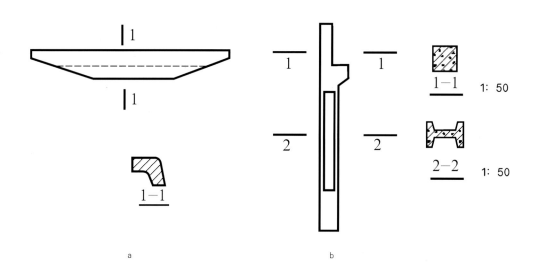

图5-15　移出断面

二、断面的种类及画法

断面分移出断面、重合断面和中断断面三种。

1．移出断面

画在视图轮廓线外面的断面称移出断面，移出断面的轮廓线用粗实线画出，如图5-15所示。

（3）移出断面的标注方法：

移出断面只标注剖切位置线（长为6～10mm的粗实线）和剖切编号，剖切编号应注写在剖切位置线的一侧，编号所在一侧应为该断面的投影方向，如图5-15所示。

2. 重合断面

画在视图轮廓线之内的断面称为重合断面（图5-16）。重合断面的轮廓线用细实线绘制。当视图中的轮廓线与重合断面的图形线重叠时，视图的轮廓线仍应完整地画出，不可间断，重合断面一般不用标注，如图5-16所示。

3. 中断断面

断面图画在投影图的中断处叫中断断面，其轮廓线用粗实线绘制，如图5-17，中断断面无须标注。

当画断面图时，为了反映断面的真实形状，剖切平面必须垂直于轴线和主要轮廓线，如图5-15b、5-16所示。

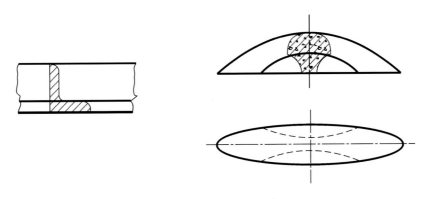

图5-16 重合断面

图5-17 中断断面

三、剖面符号及图例

当房屋建筑、家具或其零部件画成剖视图或断面图时，为了使被剖到的断面与未剖到部分有所区别，建筑制图标准和家具制图标准规定，被剖到的断面应画上剖面符号（材料图例）。同时规定了常用材料的剖面符号（材料图例）画法。

1．常用家具材料剖面符号及图例（见表5-1）

说明：

（1）木材中方材横剖的剖面符号以相交两直线为主。板材不得用相交两直线。在基本视图中木材纵剖时若影响图面清晰，允许省略剖面符号。

（2）胶合板层数用文字注明，在视图中很薄时可不画剖面符号。剖面符号细实线方向均与主要轮廓线呈30°。

（3）基本视图中，覆面刨花板、细木工板、空芯板等的覆面部分与轮廓线合并，不需单独表示。

（4）金属剖面符号为与主要轮廓线呈45°倾斜的细实线。在视图中当金属厚度等于或小于2mm时，则剖面涂黑。

2．视图中的材料图例

部分材料如玻璃、镜子等在视图中（未采用剖视画法）也可画出图例以表示其材料，见表5-2。

表5-1 QB 1338-1991

名　称		剖面符号	名　称	剖面符号
木材	横剖（断面）方材		纤维板	
	横剖（断面）板材		薄木（薄皮）	
	纵剖		金属	
胶合板（不分层数）				
覆面刨花板			塑料有机玻璃橡胶	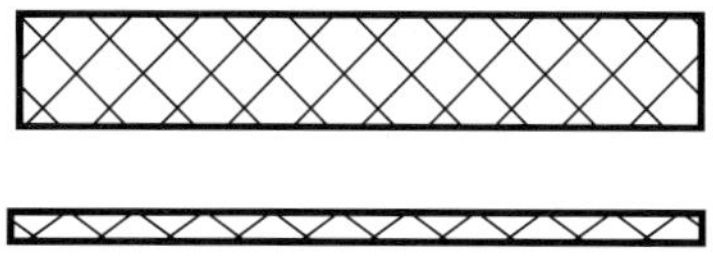
细木工板	横剖		软质填充料	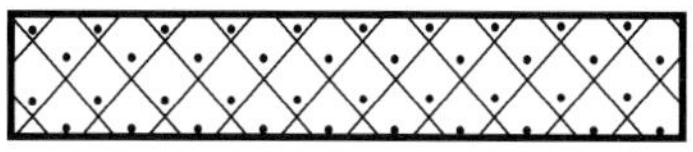
	纵剖		砖石料	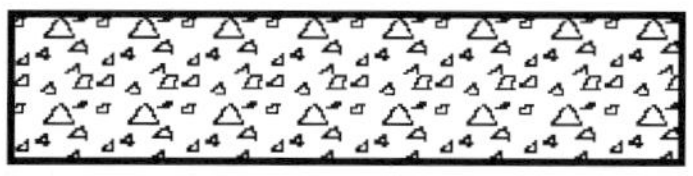

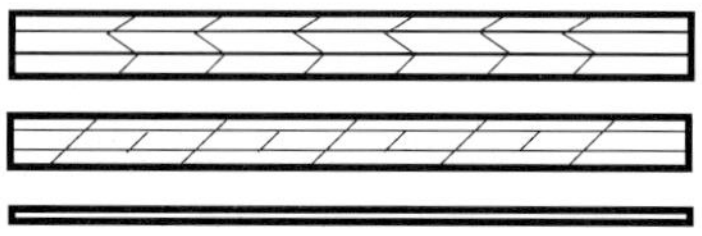

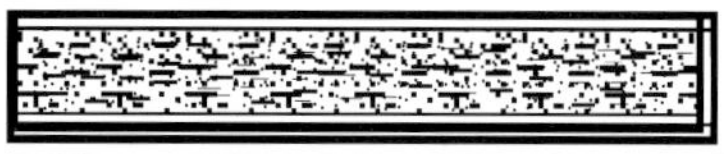

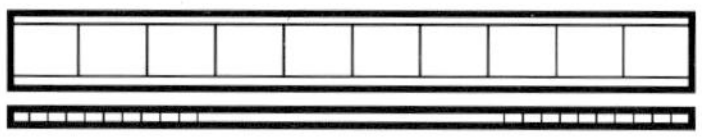

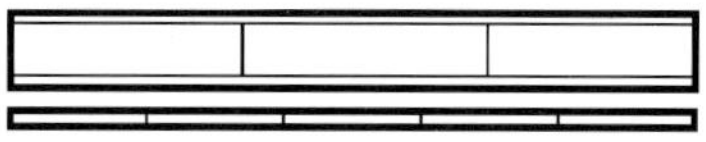

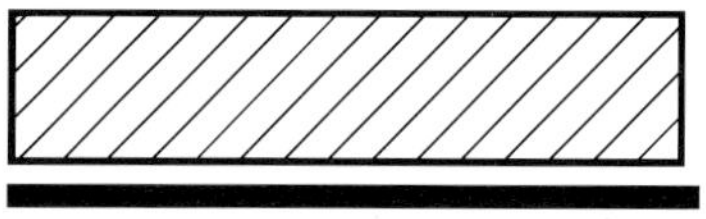

表 5-2　QB 1338—1991

名　称	图例	剖面符号
玻璃	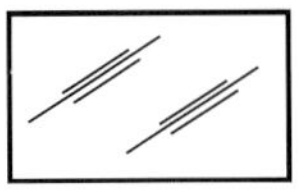	
编竹	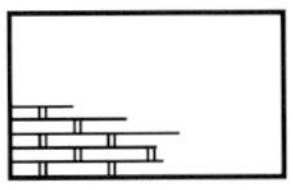	
网纱		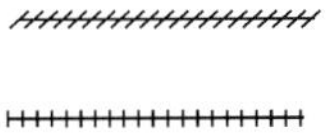
镜子	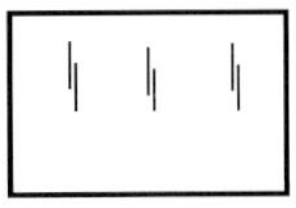	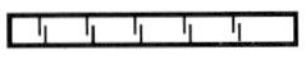
藤织	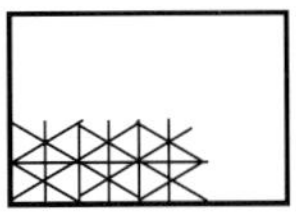	
弹簧	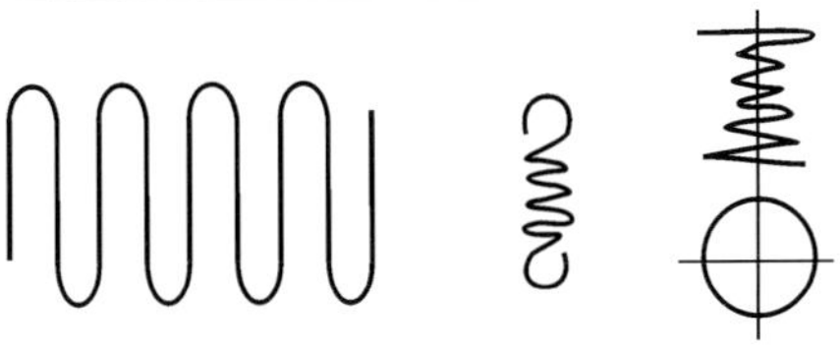	
空心板	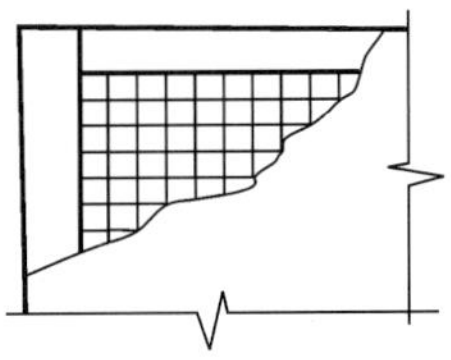 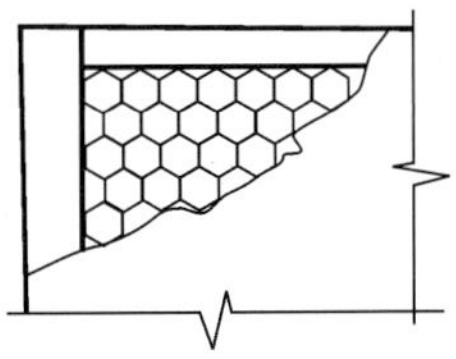	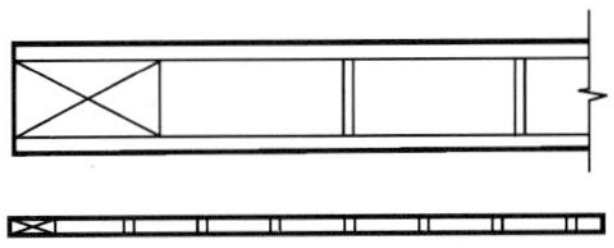

3. 常用建筑材料图例（见表 5-3）

表 5-3　常用建筑材料图例　GB／T50001—2001

序　号	名　　称	图　　例	备　　注
1	自然土壤		包括各种自然土壤
2	夯实土壤	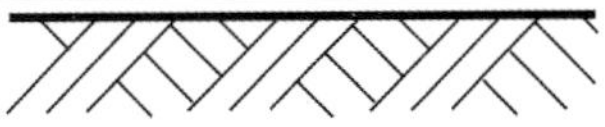	

表 5-3 续

3	砂、灰土		靠近轮廓线绘较密的点
4	沙砾石、碎砖、三合土		
5	石材		
6	毛石		
7	普通砖		包括实心砖、多孔砖、砌块等砌体。断面较窄不易绘出图例线时，可涂红
8	耐火砖		包括耐酸砖等砌体〃
9	空心砖		指非承重砖砌体
10	饰面砖〃		包括铺地砖、马赛克、陶瓷锦砖、人造大理石等
11	焦渣、矿渣〃		包括与水泥、石灰等混合而成的材料
12	混凝土		1.本图例指能承重的混凝土及钢筋混凝土 2.包括各种强度等级、骨料、添加剂的混凝土 3.在剖面图上画出钢筋时，不画图例线 4.断面图形小，不易画出图例时，可涂黑
13	钢筋混凝土		
14	多孔材料〃		包括水泥珍珠岩、沥青珍珠岩、泡沫混凝土、软木、蛭石制品等
15	纤维材料〃		包括矿棉、岩棉、玻璃棉、麻丝、木丝板、纤维板等
16	泡沫塑料材料		包括聚苯乙烯、聚乙烯、聚氨酯等多孔聚合物类材料

表 5-3 续

17	木材	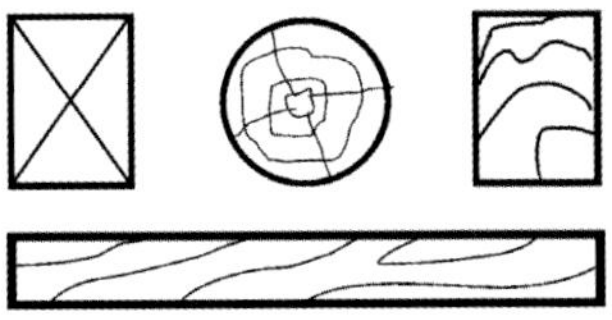	1.上图为横断面，上左图为垫木、木砖或木龙骨 2.下图为纵断面
18	胶合板	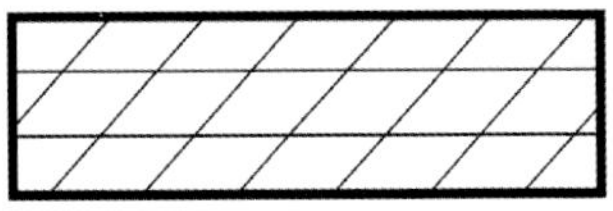	应注明为×层胶合板
19	″ 石膏板	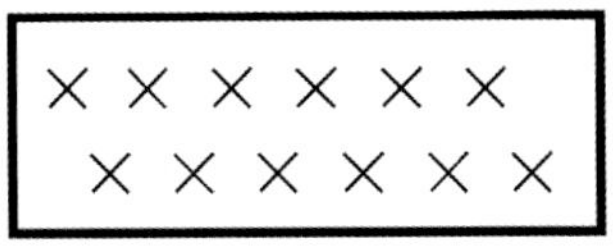	包括圆孔、方孔石膏板、防水石膏板等
20	″ ″ 金属	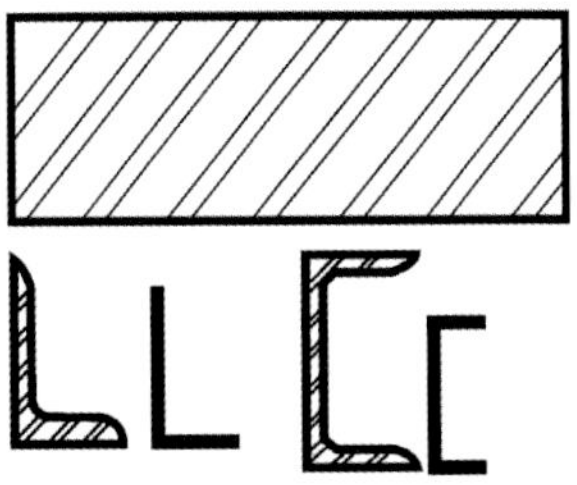	1.包括各种金属 2.图形小时可涂黑
21	网状材料		1.包括金属、塑料网状材料 2.应注明具体材料名称
22	″ 液体	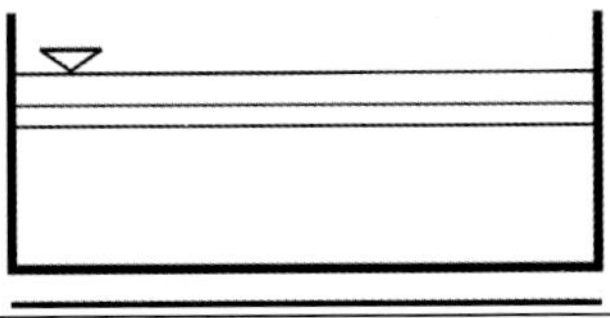	应注明具体液体名称
23	玻璃	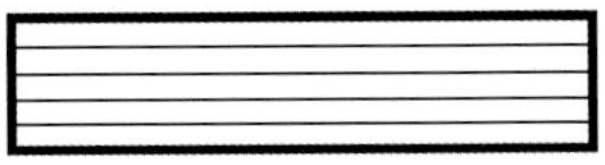	包括平板玻璃、磨砂玻璃、夹丝玻璃、钢化玻璃、中空玻璃、加层玻璃、镀膜玻璃等
24	″ 橡胶	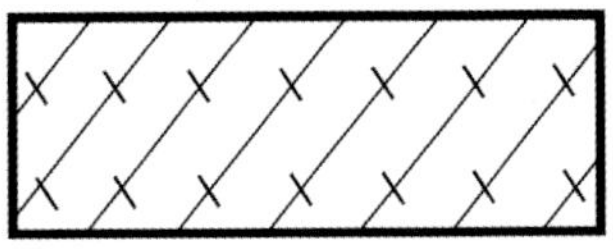	
25	″ 塑料 ″	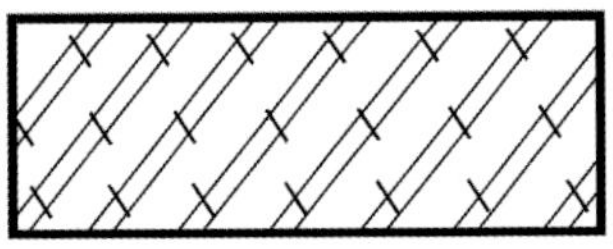	包括各种软、硬塑料及有机玻璃等
26	防水材料		构造层次多或比例大时，采用上面图例
27	粉刷	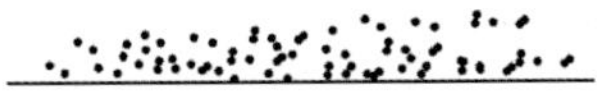	本图例采用较稀的点

注：序号 1、2、5、7、8、13、14、19、20、22、24、25 图例中的斜线、短斜线、交叉斜线等一律为 45°。

第四节　简化画法

为了简化作图，加快绘图速度，提高图面清晰度，建筑制图和家具制图国家标准允许采用一些简化画法，常见的有以下几个方面：

一、投影简化

（1）当倾斜角度不大，为了使图面清晰和方便作图，允许不按投影而以圆代替椭圆，如图 5-18（A-A）中椭圆画成圆。

（2）在基本视图中有直径很小的圆时，可用垂直相交的两短细实线表示其位置，并注出其直径大小，如图 5-19a 所示。

（3）较大、较长范围内的剖面符号，可在其两端各画一小部分即可，如图 5-19b 所示。

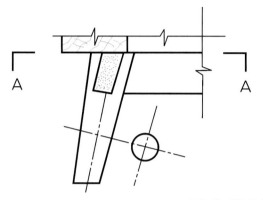
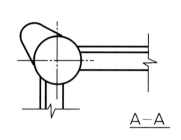

图 5-18　椭圆画成圆

图 5-19　小圆及较长件剖面符号画法

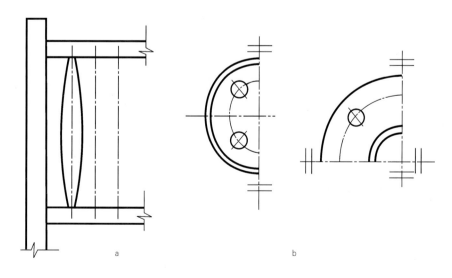

图 5-20　对称及重复结构的画法

二、对称及重复结构的画法

（1）在同一视图上，相同结构排列的图形，可只画一个或几个，其余以中心线（单点长画线或细实线）标明其位置即可，如图5-20a所示。

（2）构配件的视图有一条对称线，可只画该视图的一半；视图有两条对称线，可只画该视图的1/4，并画出对称符号。对称符号由对称线和两对平行线组成。对称线用细单点长画线绘制；平行线用细实线绘制，其长度为6～10mm，每对的间距宜为2～3mm，对称线垂直平分两对平行线，两端超出平行线2～3mm，如图5-20b所示。

三、较长构件的画法

较长构件，如沿长度方向的形状相同或按一定规律变化，可断开省略绘制，断开处应以折断线表示，如图5-21所示。

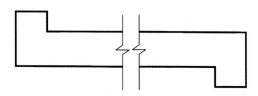

图5-21 较长构件的画法

思考与练习：

1．基本视图是怎样形成的？
2．斜视图是怎样形成的？什么时候采用斜视图？
3．镜像投影是怎样形成的？
4．何谓剖视图？什么情况下采用剖视？
5．常见剖视有哪几种？
6．何谓断面图？断面图与剖视图有何区别？
7．画形体1—1、2—2剖视图。

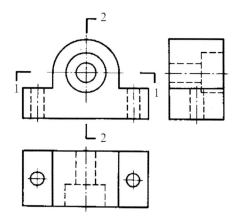

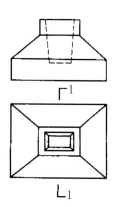

（第7题）

8. 已知投影图，把 V、W 投影改画成半剖视图，并标注剖切符号。

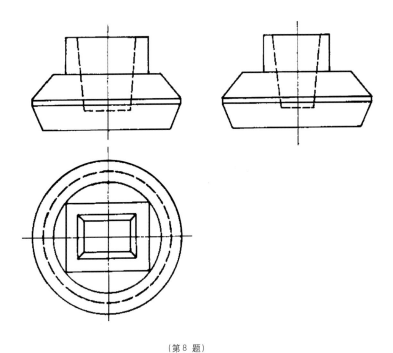

(第 8 题)

"9. 已知投影图，把 V、H、W 投影分别改成全剖视图、阶梯剖视图、半剖视图并标注剖切符号。

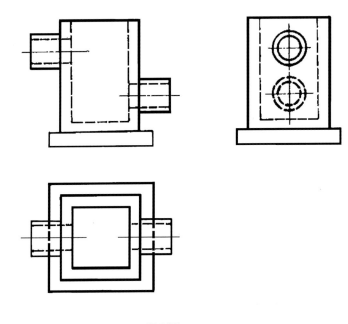

(第 9 题)

10.读剖视图并且改错（画错的地方画"×"），缺线的位置补线。

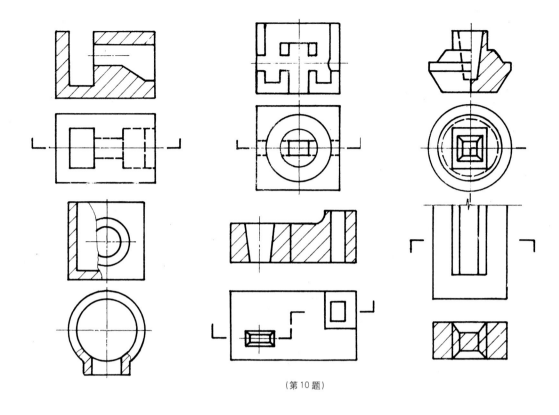

（第10题）

"11．画出1-1、2-2、3-3断面图（材料：钢筋混凝土）。

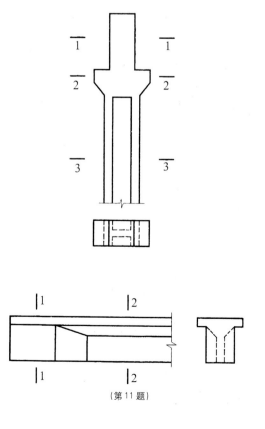

（第11题）

第**6**章

建筑施工图

本章要点
- 房屋的主要组成部分及作用
- 建筑施工图的有关标准规定
- 建筑施工图的表达内容
- 建筑平面图、立面图、剖面图及详图的形成及画法要求

建筑施工图主要表达房屋的外部造型、内部结构、固定设施、工艺作法和所用材料等内容。它一般包括建筑平面图、建筑立面图、建筑剖面图和建筑详图等。

一般来说，室内设计是建筑设计的延伸和深化。室内设计的核心是室内空间的组合形态设计和室内空间的界面设计。室内空间即建筑的室内空间，建筑是室内空间存在的基础和前提，也就是说，没有建筑设计，室内设计就无从谈起。因此，要搞好室内设计，就必须了解建筑设计图的绘制方法及相关的标准规定，特别是建筑施工图的绘制方法及要求。同时，随着室内设计的不断发展，一些新的设计理念的引入，如"室内设计与建筑设计一体化"，"室内空间室外化"等设计思想，使室内设计理论日趋成熟和完善，室内设计制图的表达方法也更加丰富多彩。因此，作为现代室内设计师，了解和掌握有关建筑设计施工图的表达方法是非常必要的，也是必需的。

本章将依据国家《建筑制图标准》（GB/T50104-2001）和《房屋建筑制图统一标准》（GB/T50001-2001），介绍房屋建筑图的有关标准规定及常用构造及配件的画法。并通过实例图样说明建筑施工图的形成、作用、表达内容及画法要求。

第一节　房屋各组成部分的名称及作用

每幢房屋不论其形状怎样变化，使用功能有何不同，但它的基本构造是类似的。现以图6-1所示三层居民住宅示意图为例，介绍房屋各组成部分的名称和作用。

一、基础

基础是位于房屋室内底层地面以下的承重构件，它承受着房屋的全部载荷。

二、墙

墙按其位置可分为外墙和内墙，外墙起阻挡风霜雪雨的作用，内墙把房屋分隔成不同用途的房间。按其受力情况又可分为承重墙和非承重墙，承重墙承受上部传来的载荷，并传递给基础。

三、梁

梁有圈梁、过梁、横梁等，其作用是将其上所承受的载荷传递给墙、柱等承重构件。

四、楼板和地面

楼板和地面将房屋的内部空间沿垂直方向分成若干层，在承受作用在其上的载荷的同时，连同自重一起传递给墙、柱等承重构件。

五、楼梯

楼梯是上、下各个楼层的交通通道。

六、门、窗

门在房屋中主要起沟通内外的作用，窗的主要作用是通风和采光。

七、屋面板

屋面板是房屋最上部的承重构件，在承重的同时起抵御风霜雪雨和保温的作用。

此外还有阳台、雨水管、雨篷、散水、勒脚等。如图6-1所示。

第二节　房屋建筑图的有关标准规定

根据国家《建筑制图标准》（GB/T50104-2001）和《房屋建筑制图统一标准》（GB/T50001-2001），下面介绍房屋建筑图中常用的标准规定及表示方法。

一、图线

建筑专业、室内设计专业制图采用的各种图线，应符合表6-1的规定。图线的宽度b，应根据图样的复杂程度和比例，按GB/T50001-2001中的规定选用。

表6-1　图线

名　称	线　型	线宽	用　途
粗实线		b	1.平、剖面图中被剖切的主要建筑构造（包括构配件）的轮廓线 2.建筑立面图或室内立面图的外轮廓线 3.构造详图中被剖切的主要部分的轮廓线 4.构配件详图中的外轮廓线 5.平、立、剖面图的剖切符号
中粗实线		0.5b	1.平、剖面图中被剖切的次要建筑构造（包括构配件）的轮廓线 2.建筑平、立、剖面图中建筑构配件的轮廓线 3.建筑构造详图及建筑构配件详图中的一般轮廓线
细实线		0.25b	小于0.5b的图形线、尺寸线、尺寸界线、图例线、索引符号、标高符号、详图材料做法引出线等
中粗虚线		0.5b	1.建筑构造详图及建筑构配件不可见的轮廓线 2.平面图中的起重机（吊车）的轮廓线 3.拟扩建的建筑物轮廓线
细虚线		0.25b	图例线、小于0.5b的不可见轮廓线

表6-1 图线

名 称	线 型	线宽	用 途
粗单点长画线	▬ — ▬ — ▬ —	b	起重机（吊车）轨道线
细单点长画线	— — — — —	0.25b	中心线、对称线、定位轴线
折断线	⎯⌇⌇⎯	0.25b	不需画全的断开界线
波浪线	～～～	0.25b	不需画全的断开界线 构造层次的断开界线
注：地平线的线宽可以用1.4b。线宽 b 常取 0.4~1.2mm。			

　　图6-2至图6-4分别表示了平面图、墙身剖面图及详图的图线宽度选用示例。绘制较简单的图样时，可采用两种线宽的线宽组，其线宽比宜为 b：0.25b。

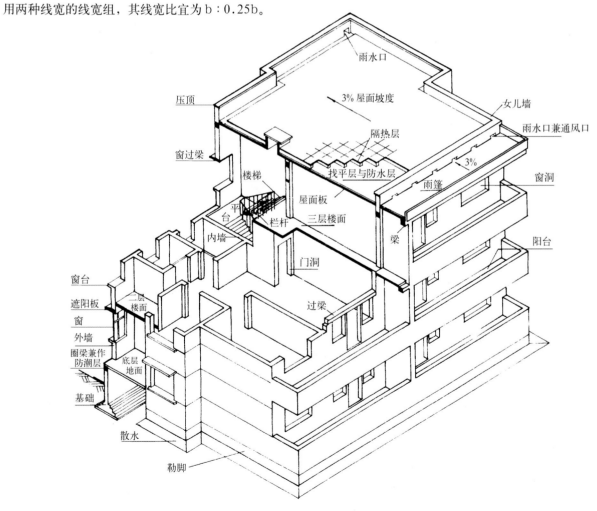

图6-1　房屋的组成部分

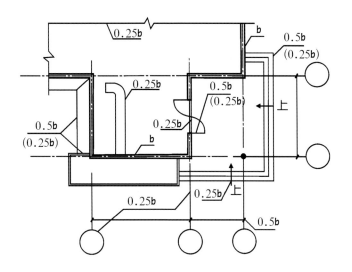

图6-2 平面图图线宽度选用示例

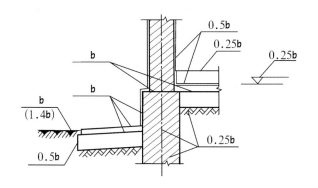

图6-3 墙身剖面图图线宽度选用示例

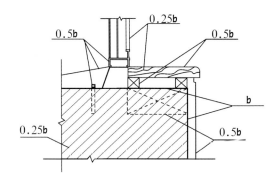

图6-4 详图图线宽度选用示例

二、定位轴线

建筑施工图中的定位轴线是施工定位、放线的重要依据，凡是承重墙、柱子等主要承重构件，都应画上定位轴线，并注明编号来确定其位置。定位轴线的画法及编号有以下规定：

（1）定位轴线应用细单点长画线绘制。

（2）定位轴线一般应编号，编号应注写在定位轴线端部的细实线圆内，其直径为8～10mm。

（3）平面图上的定位轴线的编号，宜标注在图样的下方与左侧。横向编号应用阿拉伯数字，从左至右顺序编写；竖向编号应用大写拉丁字母，从下至上顺序编写（I、O、Z不得用做轴线编号），如图6-5所示。

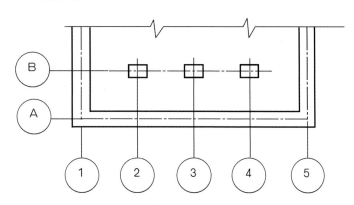

图6-5 定位轴线的编号顺序

"

（4）对于一些非主要承重墙、柱子等构件的定位，可用附加轴线形式表示，并应按下列规定编号：

①两个轴线间的附加轴线的编号应以分数形式表示，其中分母表示前一根轴线的号码，分子表示附加轴线的号码，附加轴线的号码宜用阿拉伯数字顺序编写。

②A号轴线或1号轴线之前的附加轴线的编号，分母应以0A或01表示，如图6-6所示。

"
"

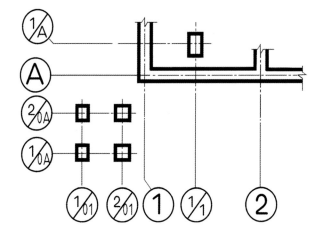

图6-6　附加轴线的标注

三、标高

标高是标注建筑物高度的一种尺寸标注形式。其标注形式有如下规定：

（1）标高符号应以直角等腰三角形表示，用细实线绘制，如图6-7a。如果标注位置不够，可按图6-7b所示形式绘制。标高符号的具体画法如图6-7cd所示。

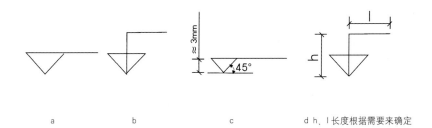

a　　　　　　b　　　　　　c　　　　　　d h、l 长度根据需要来确定

图6-7　标高符号

（2）标高符号的尖端应指至被注高度的位置，尖端一般应向下，也可向上。标高数字应注写在标高符号的左侧或右侧，标高数字应以米为单位，注写到小数点后第三位。如图6-8所示。

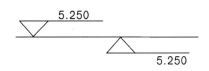

图6-8　标高的指向

(3)零点标高应注写成 ±0.000,正数标高不注"+",负数标高应注"−",例如,3.000、−0.600。

(4)在图样的同一位置需表示几个不同标高时,标高数字可按图6-9的形式注写。

标高有绝对标高和相对标高之分。绝对标高是以青岛附近的黄海平均海平面为零点,以此为基准确定的标高。在实际施工中,用绝对标高不方便。因此,习惯上把房屋底层的室内主要地面高度定为零点,以此为基准的标高叫相对标高。

房屋的标高,还有建筑标高和结构标高的区别。建筑标高是指建筑完工后的标高;结构标高是指毛面标高。

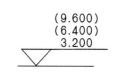

图6-9 同位置注写多个标高

四、索引符号与详图符号

图样中的某一局部,如需另见详图,应以索引符号索引(图6-10a),索引符号是由直径为10mm的圆和水平直径组成,圆及水平直径均应以细实线绘制,索引符号应按下列规定编写:

(1)索引出的详图,如与被索引的图样同在一张图纸内,应在索引符号的上半圆中用阿拉伯数字注明该详图的编号,并在下半圆中间画一段水平细实线(图6-10b)。

图6-10 索引符号

(2)索引出的详图,如与被索引的图样不在同一张图纸内,应在索引符号的下半圆中用阿拉伯数字注明该详图所在图纸的图号(图6-10c)。

(3)索引出的详图,如采用标准图,应在索引符号水平直径的延长线上加注该标准图册的编号(图6-10d)。

索引符号如用于索引剖视详图，应在被剖切的部位绘制剖切位置线，并以引出线引出索引符号，引出线所在的一侧应为剖视投影方向。

如图6-11所示，图a表示剖切后向左投影，图b表示剖切后向下投影。

详图的位置和编号，应以详图符号表示，详图符号的圆应以粗实线绘制，直径应为14mm。详图应按下列规定编号：

①详图与被索引的图样同在一张图纸内时，应在详图符号内用阿拉伯数字注明详图的编号（图6-12a）。

②详图与被索引的图样不在同一张图纸内时，应用细实线在详图符号内画一水平直径，在上半圆中注明详图编号，在下半圆中注明被索引的图纸的图纸号（图6-12b）。

五、引出线

（1）引出线应以细实线绘制，宜采用水平方向与水平方向成30°、45°、60°、90°的直线，或经上述角度再折为水平线。文字说明宜注写在水平线的上方（图6-

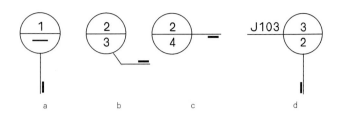

图6-11　索引剖视详图的索引符号

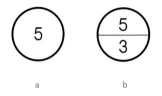

图6-12　详图符号

13a），也可注写在水平线的端部（图6-13b）。索引符号的引出线，应与水平直径线相连接（图6-13c）。

（2）同时引出几个相同部分的引出线，宜互相平行（图6-14a），也可画成集中于一点的放射线（图6-14b）。

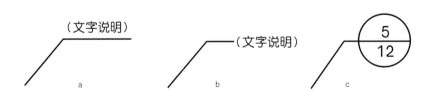

图6-13　引出线的绘制

图6-14　公用引出线

（3）多层构造共用引出线，应通过被引出的各层。文字说明宜注写在水平线的上方，或注写在水平线的端部，说明的顺序应由上至下，并应与被说明的层次相互一致；如层次为横向排序，则由上至下地说明顺序应与由左至右的层次相互一致，如图6-15所示。

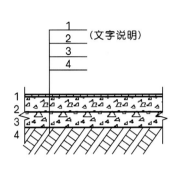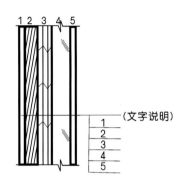

图6-15　多层构造引出线

六、建筑构造及配件图例

由于建筑施工图一般是按缩小的比例绘制，对于一些常见构造及配件（如楼梯、门窗等）的细部形状难以如实画出其投影，为了方便绘图，加快作图速度，建筑制图标准（GB/T50104-2001）对建筑常用构造及配件的画法作出了规定，如表6-2所示。

表6-2　构造及配件图例

序　号	名　称	图　　例	说　明
1	墙体		应加注文字说明或填充图例表示墙体材料，在项目设计图纸说明中列材料图例表给予说明
2	隔断		1.包括板条抹灰、木制、石膏板、金属材料等隔断 2.适用于到顶与不到顶隔断
3	楼梯		1.上图为底层楼梯平面，中图为中间层楼梯平面，下图为顶层楼梯平面 2.楼梯及栏杆扶手的形式和楼梯踏步数应按实际情况绘制

表6-2续

4	坡道	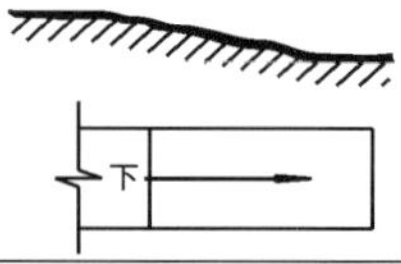 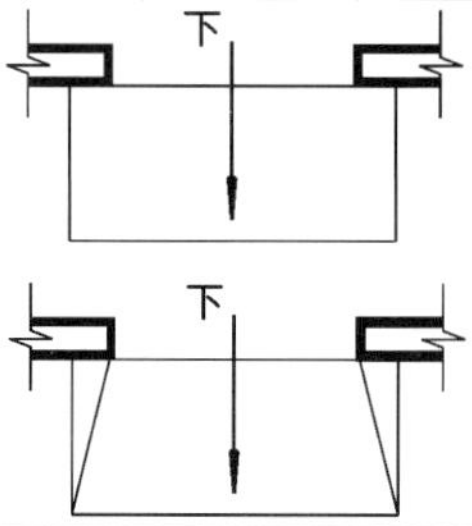	上图为长坡道，下图为门口坡道
5	检查孔	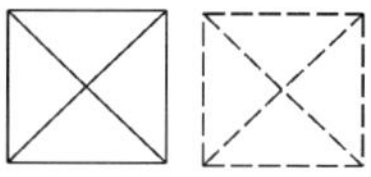	左图为可见检查孔 右图为不可见检查孔
6	孔洞		阴影部分可以涂色代替
7	坑槽	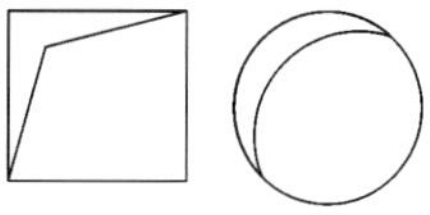	
8	烟道	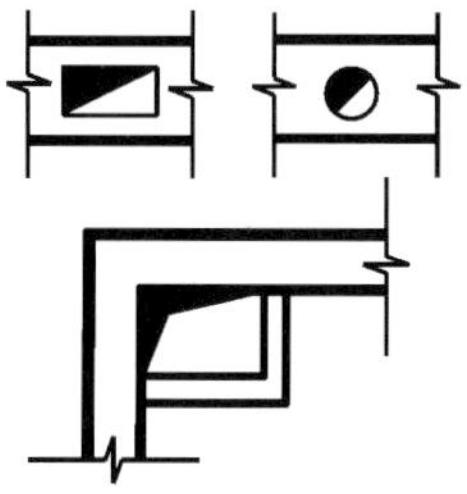	1.阴影部分可以涂色代替 2.烟道与墙体为同一材料，其相接处墙身线应断开
9	通风道	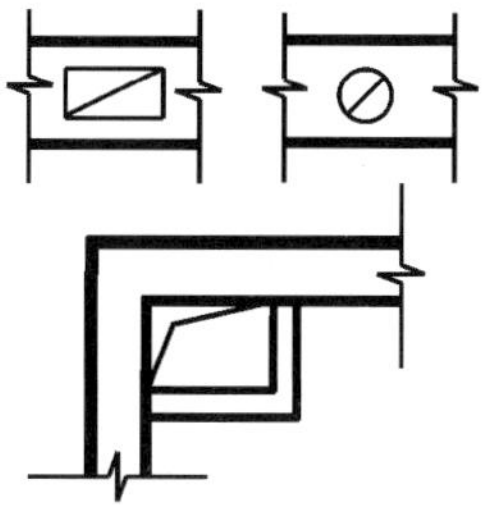	

表6-2续

10	单扇门（包括平开或单面弹簧）	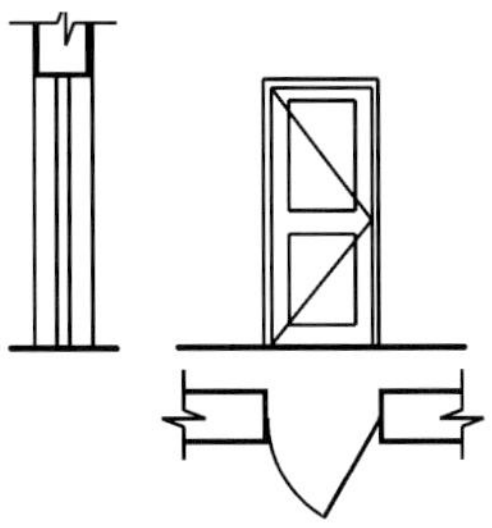	1.门的名称代号用M 2.图例中剖面图左为外、右为内，平面图下为外、上为内 3.立面图上开启方向线交角的一侧，实线为外开，虚线为内开 4.平面图上门线应90°或45°开启，开启弧线宜绘出 5.立面图上的开启线在一般设计图中可不表示，在详图及室内设计图上应表示 6.立面形式应按实际情况绘制
11	双扇门（包括平开或单面弹簧）		
12	对开折叠门		
13	推拉门	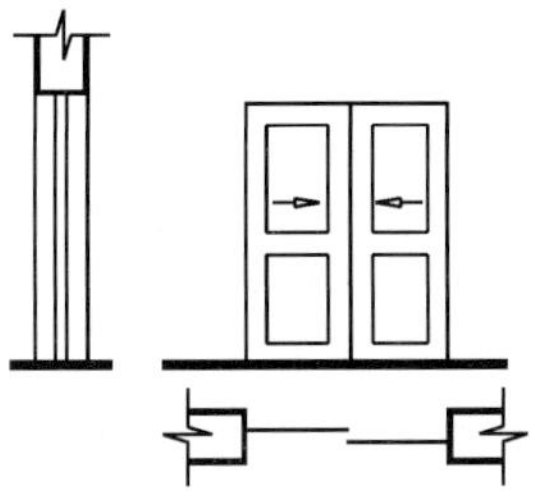	1.门的名称代号用M 2.图例中剖面图左为外、右为内，平面图下为外、上为内 3.立面形式应按实际情况绘制

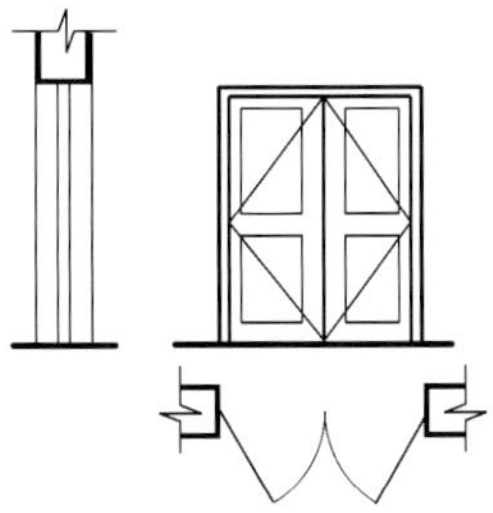

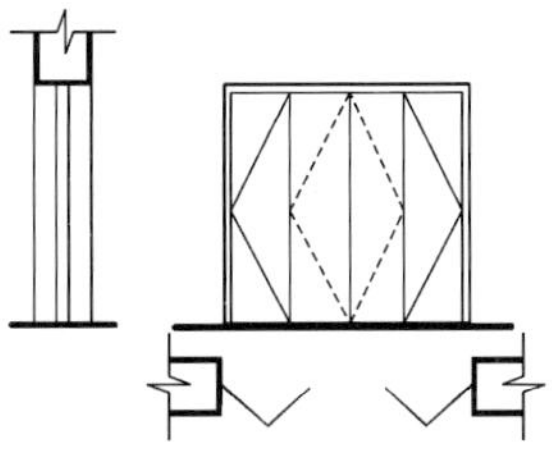

表6-2续

14	墙外单扇推拉门	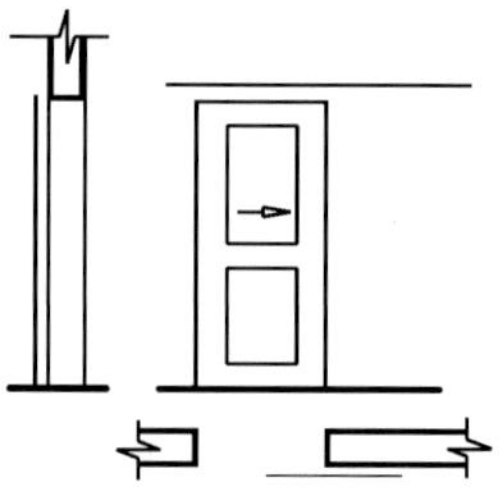	
15	墙外双扇推拉门	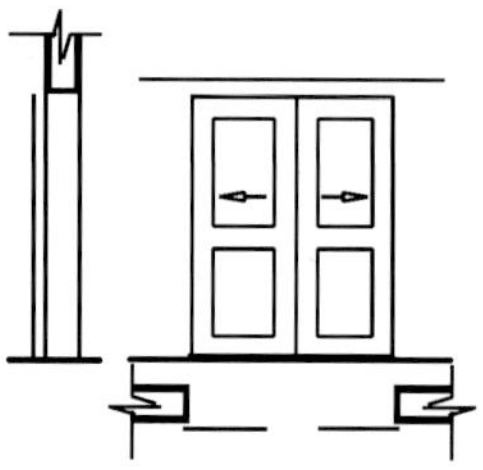	
16	墙中单扇推拉门	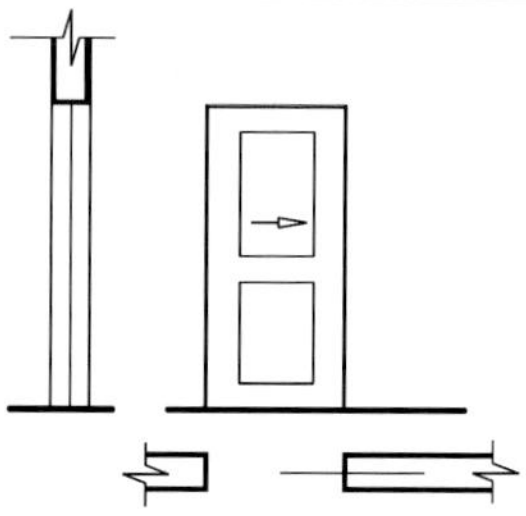	
17	墙中双扇推拉门	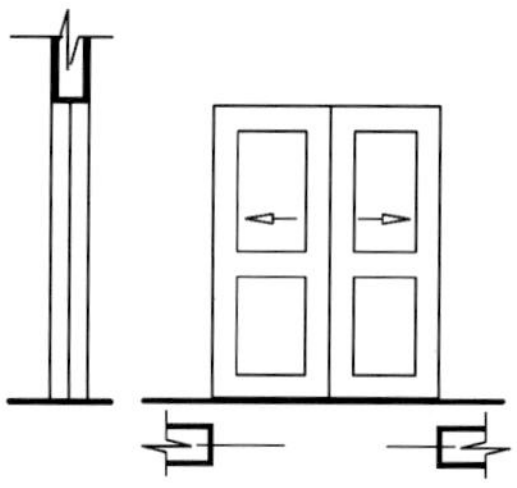	
18	单扇双面弹簧门	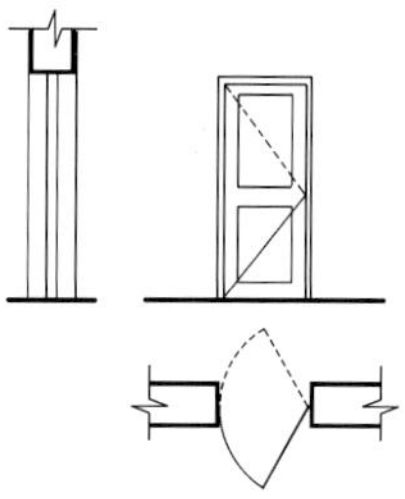	1.门的名称代号用M 2.图例中剖面图左为外、右为内,平面图下为外、上为内 3.立面图上开启方向线交角的一侧为安装合叶的一侧,实线为外开,虚线为内开 4.平面图上门线应90°或45°开启,开启弧线宜绘出 5.立面图上的开启线在一般设计图中可不表示,在详图及室内设计图上应表示 6.立面形式应按实际情况绘制
19	双扇双面弹簧门	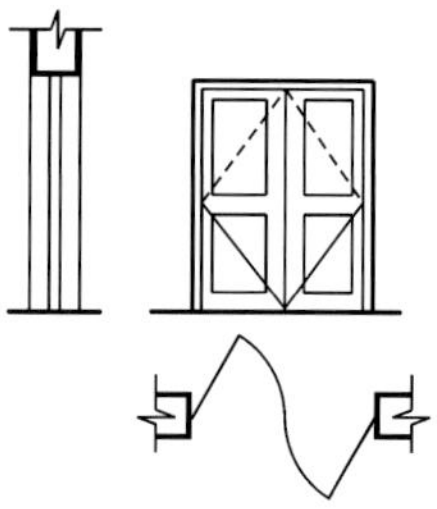	

表 6-2 续

20	单扇内外开双层门（包括平开或单面弹簧）	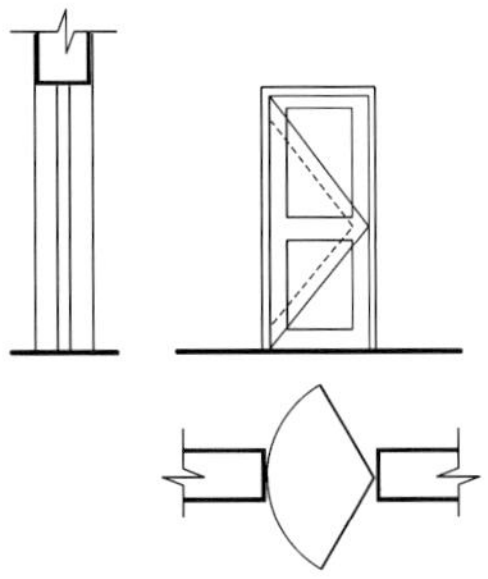	
21	双扇内外开双层门（包括平开或单面弹簧）	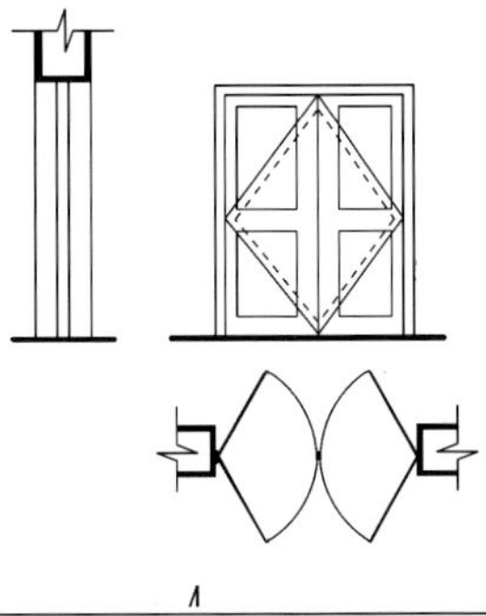	
22	转门	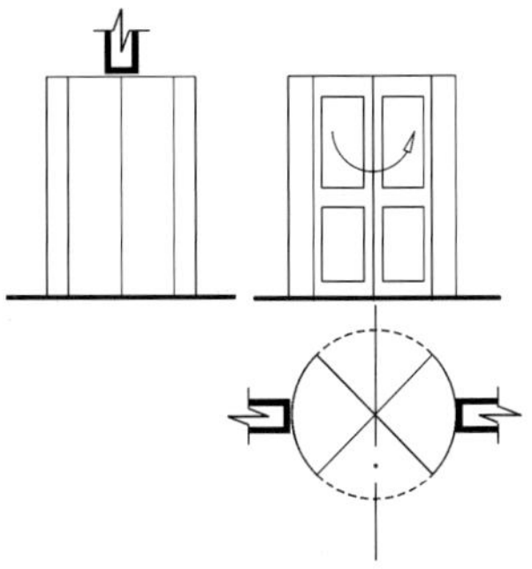	1.门的名称代号用M 2.图例中剖面图左为外、右为内，平面图下为外、上为内 3.平面图上门线应90°或45°开启，开启弧线宜绘出 4.立面图上的开启线在一般设计图中可不表示，在详图及室内设计图上应表示 5.立面形式应按实际情况绘制
23	自动门	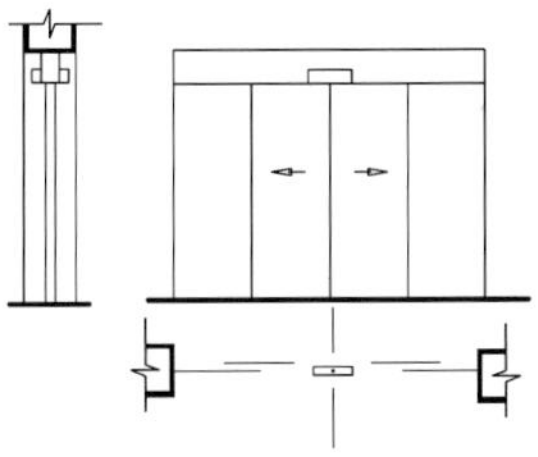	1.门的名称代号用M 2.图例中剖面图左为外、右为内，平面图下为外、上为内 3.立面形式应按实际情况绘制
24	竖向卷帘门	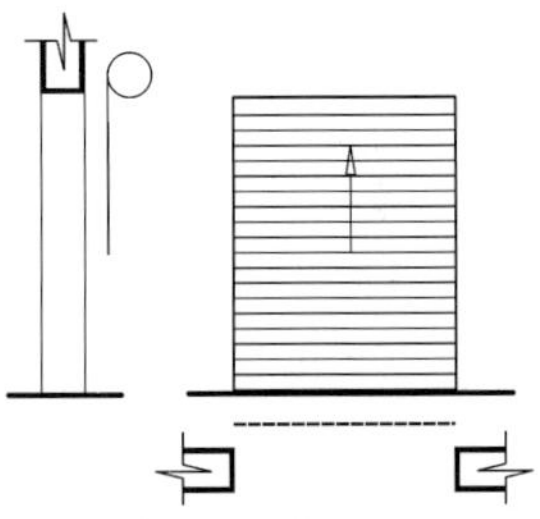	1.门的名称代号用M 2.图例中剖面图左为外、右为内，平面图下为外、上为内 3.立面形式应按实际情况绘制

表 6-2 续

25	横向卷帘门	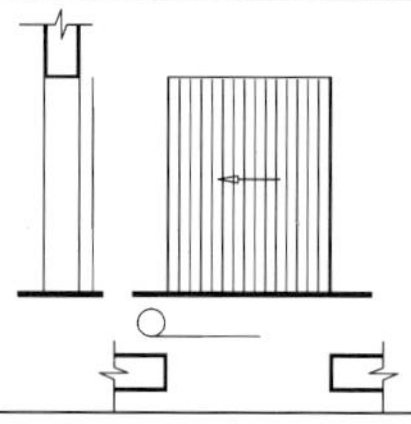	
26	提升门	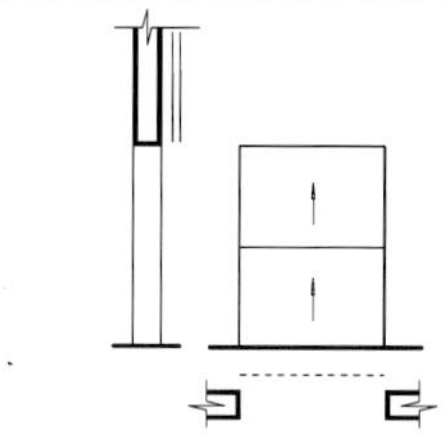	
27	单层固定窗	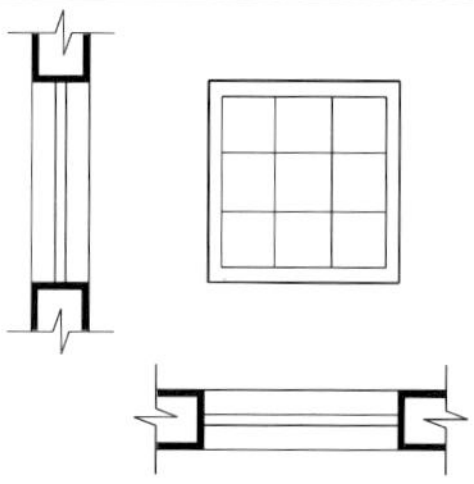	1.窗的名称代号用C表示 2.图例中，剖面图左为外、右为内，平面图所示下为外、上为内 3.窗的立面形式，应按实际绘制 4.小比例绘图时，平、剖面的窗线可用单粗实线表示
28	单层外开上悬窗		
29	单层中悬窗		1.窗的名称代号用C表示 2.立面图中的斜线表示窗的开启方向，实线为外开，虚线为内开；开启方向线交角的一侧为安装合叶的一侧，一般设计图中可不表示 3.图例中，剖面图所示左为外，右为内，平面图所示下为外、上为内 4.平面图和剖面图的虚线仅说明开关方式，在设计图中不需表示 5.窗的立面形式，应按实际绘制 6.小比例绘图时，平、剖面的窗线可用单粗实线表示
30	单层内开下悬窗	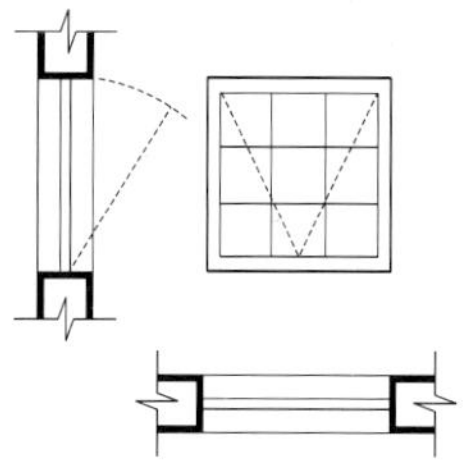	
31	立转窗	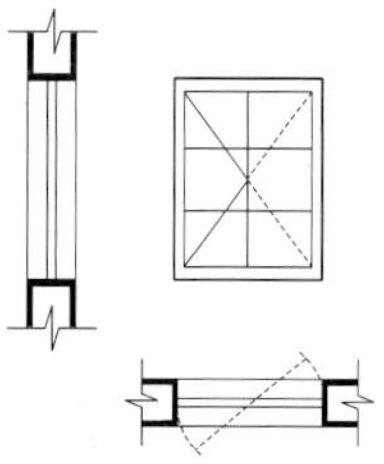	

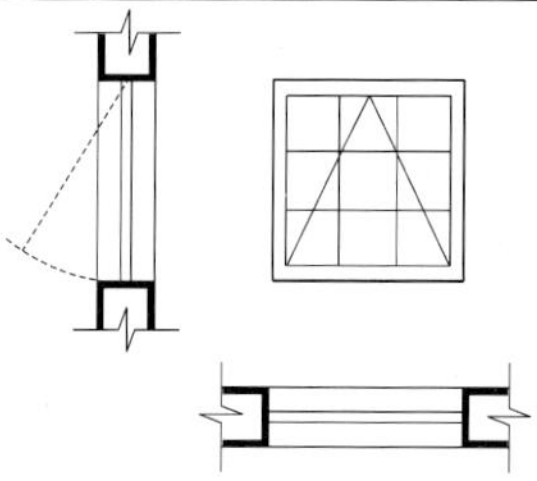

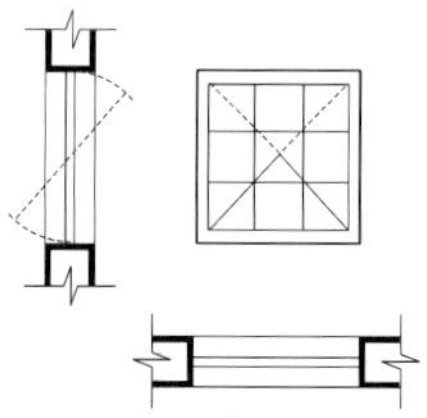

表 6-2 续

32	单层外开平开窗		
33	单层内开平开窗		
34	双层内外开平开窗		
35	推拉窗		1.窗的名称代号用C表示 2.图例中,剖面图左为外、右为内,平面图所示下为外、上为内 3.窗的立面形式,应按实际绘制 4.小比例绘图时平、剖面的窗线可用单粗实线表示
36	上推窗		
37	百叶窗		

第三节　建筑平面图

　　建筑平面图是房屋的水平剖视图（简称平面图），也就是假想用一个水平剖切平面在窗台以上适当的位置剖开整幢房屋，移去上部分，将剖切平面以下部分在水平投影面上作正投影所得到的图样，如图6-16所示。

　　建筑平面图是表达房屋建筑的基本图样之一，它主要用来表示房屋的平面布置情况。在施工过程中，是定位放线、砌墙、安装门窗等工作的依据，也是画装修设计施工图和效果图的依据。

一、建筑平面图的种类

　　对于多层楼房，一般每层都应画出平面图，并在图的下方注明图名、比例。建筑平面图通常以层数来命名。建筑平面图一般有以下几种：

　　（1）一（底）层平面图。表示底层房间的平面布置情况，见图6-17所示。

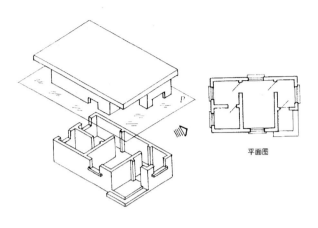

图6-16　平面图的形成

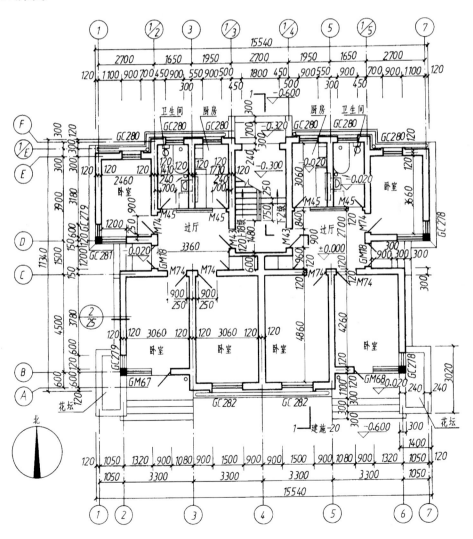

一层平面图　1:100

图6-17　一层平面图

（2）标准层平面图。若有两层或多层的平面布置相同，可只画出一个平面图，称其 m～n 层平面图，也可称为标准层平面图，见图6-18。

（3）屋顶平面图。屋顶平面的水平正投影，它用于表示屋顶形状及构造的平面布置情况，见图6-19。

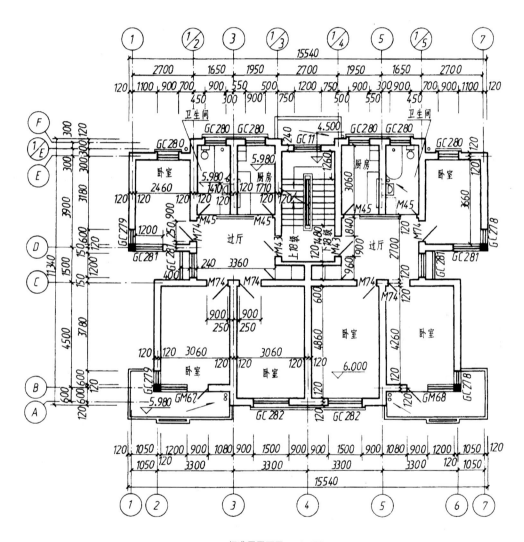

标准层平面图　　1:100

图6-18　标准层平面图

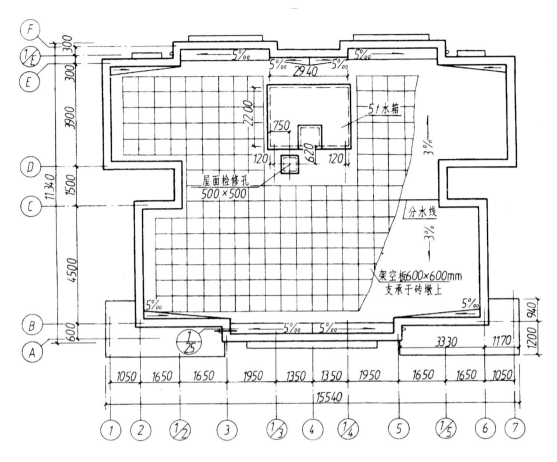

屋顶平面图 1:100

图6-19 屋顶平面图

二、平面图的图线

（1）平面图中被剖切到的墙、柱等主要断面轮廓线用线宽为b的粗实线画出。

（2）被剖到的次要构件的轮廓线，如玻璃隔墙、门窗的图例等用0.5b的中粗实线画出；未被剖到的构配件轮廓线，如楼梯、阳台、台阶、地面高低变化分界线，也用0.5b中粗实线画出。

（3）用图例表示的固定设施轮廓线、尺寸界线、尺寸线、引出线及标高等用0.25b的细实线画出。

（4）绘制较简单的平面图时，可采用两种线宽的线宽组，其线宽比宜为b:0.25b，即除墙、柱断面轮廓线用线宽为b的粗实线外，其余均用0.25b的细实线画出。

三、建筑平面图的表达内容及画法要求

（1）平面图的名称、比例、指北针、名称和比例写在平面图下方，名称下画一粗实线，指北针圆用细实线

绘制，直径为24mm，指北针尾部的宽度为3mm，指针头部应注"北"或"N"字，见图6-17。

（2）定位轴线及编号。用它们来确定房屋各承重墙、柱的位置。

（3）墙、柱的断面。不同比例的平面图、剖面图，其材料图例、抹灰层、楼地面的省略画法应符合下列规定：

①当比例小于1:200时，墙、柱断面可不画材料图例，楼地面的面层线可不画出。

②当比例为1:100~1:200时，墙、柱断面通常不画规定的材料图例，可画简化的材料图例（如砌体墙涂红、钢筋混凝土涂黑等），宜画出楼地面的面层线。

③当比例小于1:50时，可不画出抹灰层，但宜画出楼地面的面层线。

④当比例等于1:50时，宜画出楼地面的面层线，抹灰层的面层线应根据需要而定。

⑤比例大于1:50时，应画出抹灰层与楼地面、屋面的面层线，并宜画出材料图例。

（4）门窗的图例，各房间的名称。

门窗应按标准规定（表6-2）画出其图例，并注明门窗的代号和型号。门窗的代号分别为M、C，钢门、钢窗的代号为GM、GC，代号后面的数字是它们的型号。平面图中的各房间都应注明名称，便于了解各层的房间配置、用途及相互间的联系。

（5）构配件和固定设施以图例画出。

可见的构配件和固定设施，如楼梯、玻璃隔墙，橱具及卫生洁具等画出其图例或轮廓形状，便于了解主要设备的布置情况。

（6）必要的尺寸及标高。

必要的尺寸包括：

①总尺寸，表明建筑物的总长和总宽。

②定位尺寸，表明各承重墙、柱的位置，门窗洞及固定设施的位置等尺寸。

③细部尺寸，墙体厚度、门窗洞的宽度，各房间的开间及进深等。

（7）有关符号。

在底层平面图中，除了应画指北针外，必须在需要绘制剖面图的部位画出剖切符号。平面图中的某局部或构配件需要另画详图时，要画出索引符号。

四、建筑平面图的画图步骤

以图6-17底层平面图为例，说明平面图的画图步骤。

（1）选定比例和图幅。根据房屋的大小和复杂程度选定比例和图幅，注意留出注写尺寸、定位轴线编号和有关说明所需位置。

（2）布置图面画出定位轴线，按比例由定位轴线向两侧画出墙厚，见图6-20(a)、(b)。

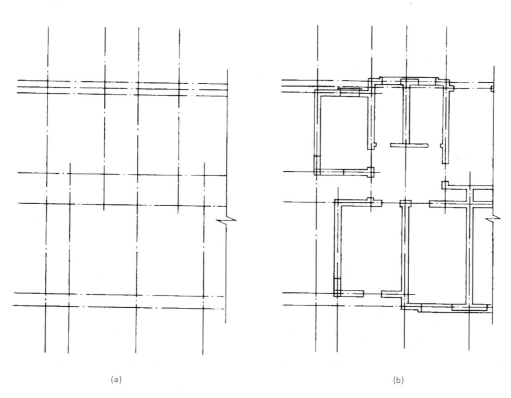

(a)   (b)

图6-20　建筑平面图的画图步骤

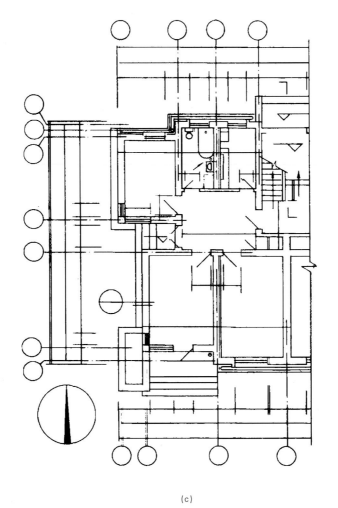

(c)

图6-20 建筑平面图的画图步骤

（3）定出门窗位置，画出所有建筑构配件及卫生器具的图例或外形轮廓，见图6-20（b）、（c）。

（4）画出楼梯、门窗等细部；画剖切位置线、尺寸界线、尺寸线、定位轴线编号等，见图6-20（c）。

（5）检查后，擦去多余图线，按规定线宽描深图线，标注尺寸、门窗编号、图名、比例及文字说明等，见图6-17。

第四节　建筑立面图

建筑立面图（简称立面图）是在与房屋立面相平行的投影面上所作的房屋立面正投影图。它主要用来表示房屋的外貌、外墙装修、门窗位置与形状，以及阳台、雨篷、台阶等构配件的位置。在施工过程中，立面图主要用于指导室外装修。

一、立面图的命名

有定位轴线的建筑物，宜根据两端定位轴线编号标注立面图名称。无定位轴线的建筑物可按平面图各面的朝向确定名称，见图6-21。

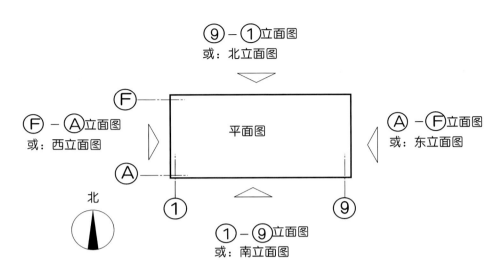

图6-21　立面图的投影方向及命名

二、立面图的图示内容及要求

（1）表明建筑物在室外地面线以上的全貌，门窗、阳台、雨篷、台阶、雨水管、烟囱等的位置和形状。

（2）外墙面的装修作法、工艺要求、材料及颜色等。

（3）立面图上的装饰做法和建筑材料可用图例表达并加注文字说明。

（4）立面图上，外墙表面分格线应表示清楚。应用文字说明各部位所用面材及颜色等。

（5）立面图上主要标注标高尺寸，室外地坪、勒脚、窗台、门窗顶、檐口等处的标高，一般应注在图形外侧，标高符号要大小一致，排列在同一竖线上，见图6-22。

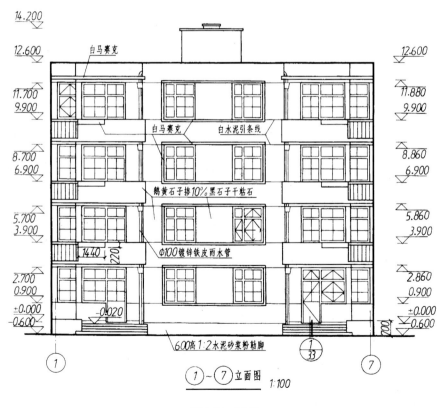

图6-22　立面图

三、立面图的简化画法（GB／T50104—2001）

（1）较简单的对称式建筑物，在不影响构造处理和施工的情况下，立面图可绘制一半，并在对称轴线处画对称符号。

（2）平面形状曲折的建筑物，可绘制展开立面图，圆形或多边形平面的建筑物，可分段展开绘制立面图，但均应在图名后加注"展开"二字。

（3）在立面图上，相同的门窗、阳台、外檐装修、构造做法等可在局部重点表示，绘出其完整图形，其余部分只画轮廓线即可。

四、立面图中的线型

（1）立面图的外轮廓线应画成线宽为 b 的粗实线。

（2）外轮廓线之内的凹进或凸出墙面的轮廓线，以及门窗洞、雨篷、阳台、台阶与平台、遮阳板、柱、屋顶水箱等都画成线宽为 0.5b 的中粗实线。

（3）门窗扇、栏杆、雨水管、墙面分格线等画成线宽为 0.25b 的细实线。

（4）室外地面线宜画成线宽为 1.4b 的加粗实线。

五、立面图的画法、步骤

以图 6—22 为例，说明立面图的一般画图步骤。

（1）选定比例、图幅。

（2）画出地面线、左右外墙的轮廓线，见图6—23（a）。

（3）画出窗洞、雨篷、阳台、勒脚、水箱等，见图 6—23（b）。

（4）完成细部作图，画标高尺寸线、标高符号、注写施工说明等。

（5）检查无误后，擦去多余图线，按线宽规定加深图线，并注写图名、标注标高尺寸及定位轴线编号等，见图 6—23（c）和图 6—22。

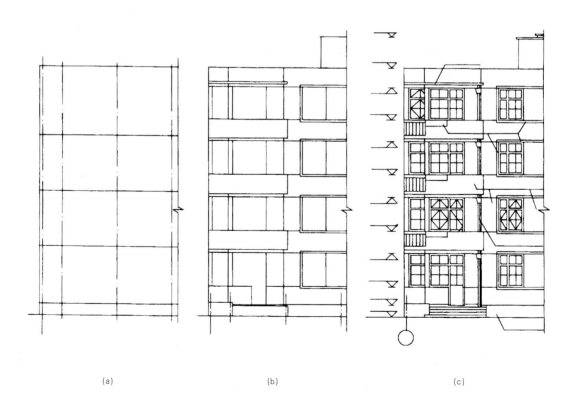

| (a) | (b) | (c) |

图 6—23　立面图画法步骤

第五节　建筑剖面图

建筑剖面图（简称剖面图）是用垂直于地面的剖切平面剖切建筑物得到的全剖视图或阶梯剖视图。剖切平面多为 W 或 V 面平行面。剖面图主要用于表达建筑物内部的构造形式。因此，剖切位置一般选择在建筑物内部构造有代表性且比较复杂的部位，通常通过门窗洞和楼梯间。

一、剖面图的图示内容

（1）表明被剖到断面的结构形状及未被剖到的可见构配件。

（2）表明各主要承重构件间的相互关系，各层梁、楼板与墙、柱的关系，屋顶结构及天沟构造的形式等。

（3）表明室内吊顶、内墙面和地面的装修做法、工艺要求、所用材料等项内容。

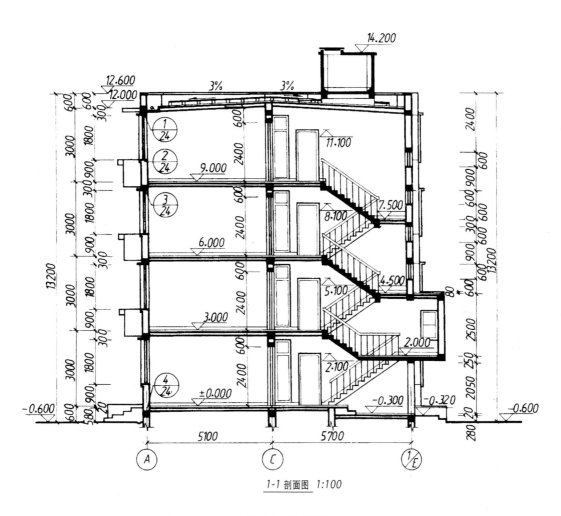

1-1 剖面图 1:100

图6-24　建筑剖面图

剖面图的数量视建筑物内部复杂程度而定。剖面图中的线型宽度的选择与平面图相同。

剖面图的命名应与底层平面图上所标注的剖切编号一致，图名和比例注在剖面图的下方，见图6-24。

剖面图中材料图例、抹灰层等的画法要求与平面图相同。

（4）表明建筑物各部位的高度。剖面图中用标高表明建筑物总高度，室外地面标高，各楼层标高，门窗及窗台高度等。

二、剖面图的画图步骤

以图6-24（1-1）剖面图为例说明剖面图的一般画法。

（1）根据平面图上的剖切位置和投影方向，按比例画出定位轴线、室外地面线、楼面线等，并画出墙身，见图6-25a。

（2）定门窗、楼梯位置，画细部，如门窗洞、楼梯、栏杆、梁、楼板、雨篷、屋面、檐口、水箱、阳台等，见图6-25b。

大样图或节点图。

建筑详图的画法与绘图步骤，与建筑平面图、立面图、剖面图的画法基本相同，仅是它们的一个局部而已。

一、详图特点

（1）详图的表达方法灵活，可用视图，也可用剖视，表达部位及范围视需要而定。

（2）采用较大比例绘制，结构形状清晰。

（3）尺寸标注齐全，文字说明详细。

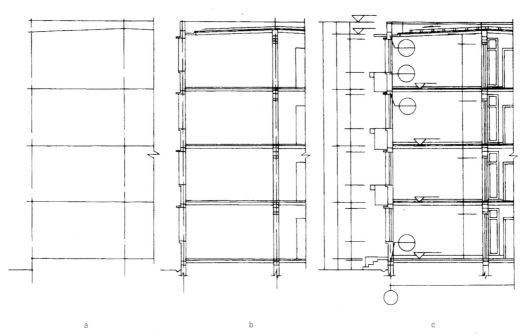

图6-25　剖面图画法步骤

（3）画标高符号、尺寸线、定位轴线编号等，经检查后，擦去多余线条按线宽要求加深图线，并画出材料图例，注写图名、比例及相关文字说明，见图6-25c及图6-24。

第六节　建筑详图

在建筑施工图中，由于建筑平面图、立面图和剖面图通常采用1∶100、1∶200等较小的比例绘制，对于一些详细构造往往无法完全表达清楚。为解决此问题，在施工图中，对房屋局部的复杂节点、细部构造、连接关系等，用较大比例画出。并对施工用材和施工做法加以详细说明，这样的图样称为建筑详图，简称详图，也称

二、详图的内容

（1）详图一般应表达清楚构配件的详细构造，所用材料名称及规格，各部分的连接方式和相对位置关系。

（2）各部位、各细部的详细尺寸，有关施工要求和做法的详细说明等。

（3）详图用剖视表现时，被剖到的部分应画上材料图例。

（4）详图必须画出详图符号，并应与被索引图样上的索引符号相对应（详图符号及索引符号的意义及对应关系在本章第二节中已作介绍）。

三、建筑详图示例

建筑详图主要包括：外墙剖面节点详图、楼梯节点详图、室外台阶节点详图、阳台节点详图、门窗节点详图等。下面仅举两例说明详图的画法及表达的内容等。

1．外墙剖面节点详图

图6-26所示是一建筑物外墙剖面节点详图，其节点分别表示了屋面与隔热层、窗顶、窗台、楼面与墙体，地面与墙体及散水等处的构造情况。该图采用1：20的比例画出。

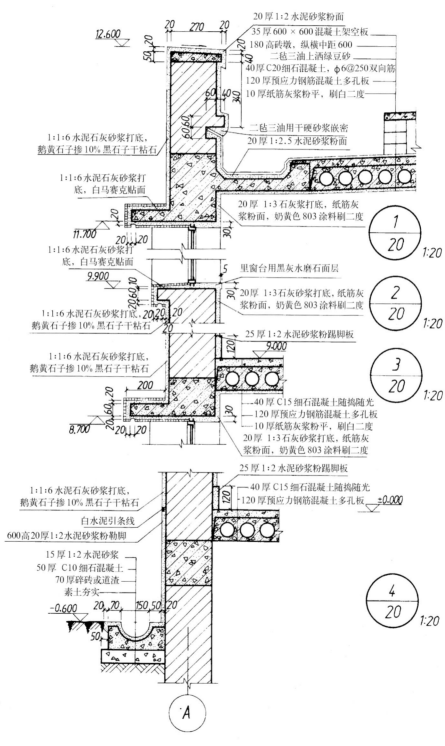

图6-26　外墙剖面节点详图示例

107

在外墙剖面详图上分别画出了所用材料图例，并画出了抹灰层。对屋面及楼面的构造做法，用引出线引出并用文字加以说明。同时注出各部位的细部尺寸和定位尺寸，为正确指导施工提供了依据。

2．楼梯节点详图

图6-27是一楼梯的节点详图，它表明了踏步、扶手的构造、形状及定位尺寸。

从图中可以看出：楼板是用预应力钢筋混凝土多孔板、细石混凝土面层；梯段是由楼梯梁和踏步板组成的现浇钢筋混凝土板式楼梯，板底用10mm厚纸筋灰浆粉平后刷白，踏步用20mm厚水泥砂浆粉面；每级踏步贴一条25mm宽的马赛克防滑条；栏杆用方钢和扁钢焊成，栏杆的下端焊接在预埋于踏步中的带有Φ6钢筋弯脚的钢板上。编号为3的是扶手的断面详图，从图中可看出其断面形状、尺寸及连接方式。

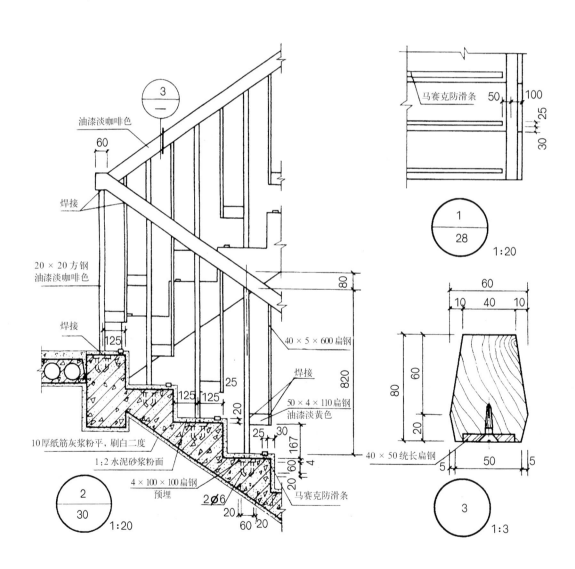

图6-27　楼梯节点详图示例

思考与练习:

1. 房屋由哪些主要部分组成,各部分的主要作用是什么?

2. 何谓绝对标高? 何谓相对标高?

3. 建筑平面图、建筑立面图、建筑剖面图是如何形成的? 表达内容是什么?

4. 怎样确定建筑剖面图的剖切位置和数量?

5. 何谓建筑详图? 它有何特点?

6. 用 A3 图纸绘制建筑平面图。

7. 用 A3 图纸绘制建筑立面图(比例 1∶100)。

8. 按 1∶20 的比例绘制节点详图。

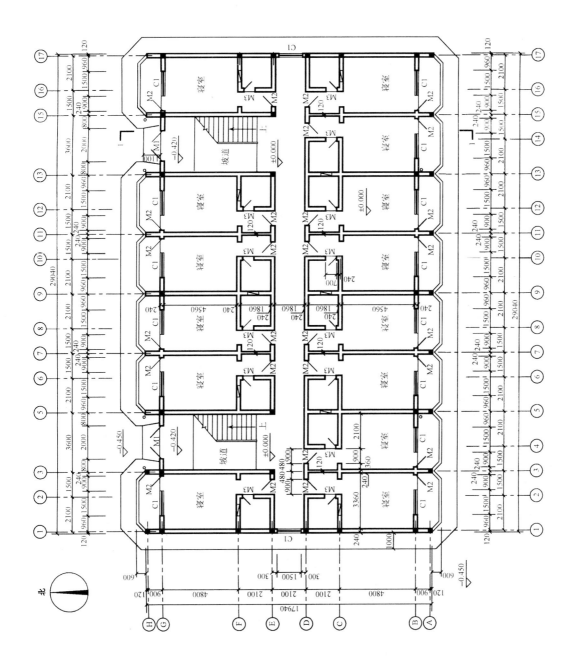

底层平面图 1∶100

注: (1) 凡未标注墙体的厚度均为 240mm
(2) 阳台、卫生间的地面标高为 -0.020

(第6题)

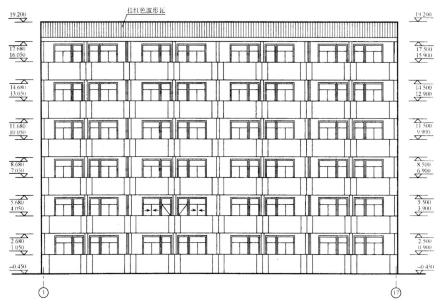

建筑立面图 1:100

（第7题）

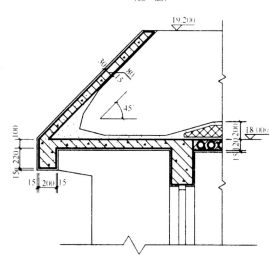

天沟节点示意图 1:20

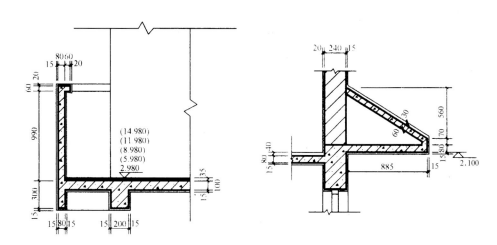

（第8题）

第7章

室内装饰施工图

本章要点
- 室内装饰施工图的重要作用
- 室内装饰施工图的表达内容
- 室内装饰施工图的画法要求
- 室内装饰施工图中的常用图例

随着建筑技术的发展和人们生活水平的提高，对室内设计的要求也越来越高。为了适应和推动室内设计这一新兴行业的发展，2002年3月1日，颁布实施的建筑制图国家标准（GB/T50104-2001）对室内设计制图的有关内容作出了规定。本章将依据有关标准结合室内设计特点介绍室内装饰施工图的图示方法。

第一节　概述

用于表达室内设计装修方案和指导装修施工的图样，称为室内装饰施工图，它是装修施工和验收的依据。

室内装饰施工图采用正投影法绘制。它是建筑施工图的延续和深入。

室内装饰施工图主要表示室内空间的布局，各构、配件的形状大小及相互位置关系，各界面（墙面、地面、天花）的表面装饰、家具的布置、固定设施的安放及细部构造做法和施工要求等。

室内装饰施工图主要包括室内平面图、室内顶棚平面图、室内立面图和细部节点详图等。

第二节　室内平面图和室内顶棚平面图

一、室内平面图

1.室内平面图的形成

用一个与地面平行的假想平面在窗台以上剖开房屋，移去上部分后得到的水平正投影图。

2.室内平面图的表达内容

（1）反映楼面铺装构造、所用材料名称及规格、施工工艺要求等。

（2）反映门窗位置及其水平方向的尺寸。

（3）反映各房间的分布及形状大小。

（4）反映家具及其他设施（如卫生洁具、厨房用具、家用电器、室内绿化等）的平面布置。

（5）标注各种必要的尺寸，如开间尺寸、装修构造的定位尺寸、细部尺寸及标高等。

（6）为表示室内立面图在平面图上的位置，应在平面图上用内视符号注明视点位置、方向及立面编号，如图7-1所示。

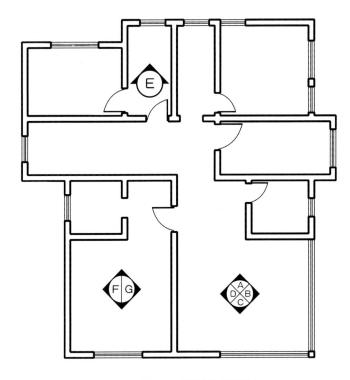

图7-1　平面图上内视符号应用示例

符号中的圆及直线应用细实线绘制，其直径可选择 8~12mm，立面编号宜用拉丁字母或阿拉伯数字。内视符号的种类及画法如图7-2所示。

单面内视符号　　　　双面内视符号　　　　四面内视符号

图7-2　内视符号

使用内视符号时，相邻90°的两个方向、三个方向，可分别用几个单面内视符号或用一个四面内视符号表示，用一个四面内视符号表示时，四面内视符号中的四个编号格内，可在要表示的方向格内注写编号，其余为空格即可。

3. 室内平面图的表达方法及要求

（1）平面图应采用正投影法按比例绘制。

（2）平面图中的定位轴线编号应与建筑平面图的轴线编号相一致。

（3）注明地面铺装材料的名称、规格、颜色等。

（4）平面图中的陈设品及用品（如：卫生洁具、家具、家用电器、绿化等）应用图例（或轮廓简图）表示，图例宜采用通用图例。图例大小与所用比例大致相符。

（5）用于指导施工的室内平面图，非固定的家具、设施、绿化等可不必画出。固定设施以图例或简图表示。

（6）要详细表达的部位应画出详图。

（7）图线线宽的选用与建筑平面图相同。

（8）需要画详图的部位应画出相应的索引符号。

（4）画出家具及其他室内设施图例。

（5）标注尺寸及有关文字说明。

（6）检查无误后，按线宽标准要求加深图线。

室内平面图的示例如图7-3所示。

二、室内顶棚平面图

室内顶棚平面图，又叫天花图，它宜采用镜像投影法绘制，其定位轴线位置应同室内平面图的定位轴线位置相一致。

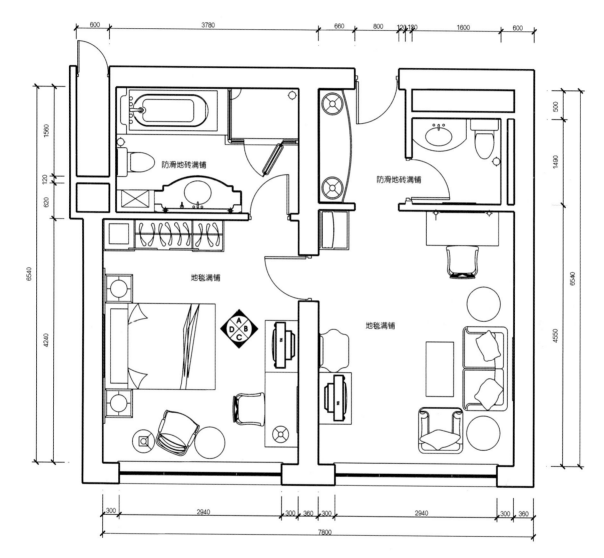

室内平面图 1：100

图7-3 室内平面图画法示例

4．室内平面图的画图步骤

（1）选定图幅，确定比例。

（2）画出墙体中心线（定位轴线）及墙体厚度。

（3）定出门窗位置。

1．室内顶棚平面图的表达内容

（1）反映室内顶棚的形状大小及结构。

（2）反映顶棚的装修造型、材料名称及规格、施工工艺要求等。

（3）反映顶棚上的灯具、窗帘等安装位置及形状。

（4）标注各种必要的尺寸及标高等。

（5）附属设施简图，如：空调口、烟感报警器、喷淋头等。

2．室内顶棚平面图的表达方法及要求

（1）室内顶棚平面图一般采用与室内平面图相同的比例绘制，以便于对照看图。

（2）室内顶棚平面图的定位轴线位置及编号应与室内平面图相同。

（3）室内顶棚平面图不同层次的标高，一般标注该层次距本层楼面的高度。

（4）室内顶棚平面图线宽的选用与建筑平面图相同。

（5）室内顶棚平面图一般只画出墙厚，不画门窗图例及位置。

（6）室内顶棚平面图中的附加物品（如各种灯具等）应采用通用图例或投影轮廓简图表示。

（7）需要详细表达的部位，应画出详图。

室内顶棚平面图与室内平面图的画图步骤相同。室内顶棚平面图的示例如图7-4所示。

第三节　室内立面图

室内立面图应按正投影法绘制，主要表达室内各立面的装饰结构形状及装饰物品的布置等。

一、室内立面图的图示内容

（1）反映投影方向可见的室内立面轮廓、装修造型及墙面装饰的工艺要求等。

（2）墙面装饰材料名称、规格、颜色及工艺做法等。

（3）反映门窗及构配件的位置及造型。

（4）反映靠墙的固定家具、灯具及需要表达的靠墙非固定家具、灯具的形状及位置关系。

（5）反映室内需要表达的装饰构件（如悬挂物、艺术品等）的形状及位置关系。

（6）标注各种必要的尺寸和标高。

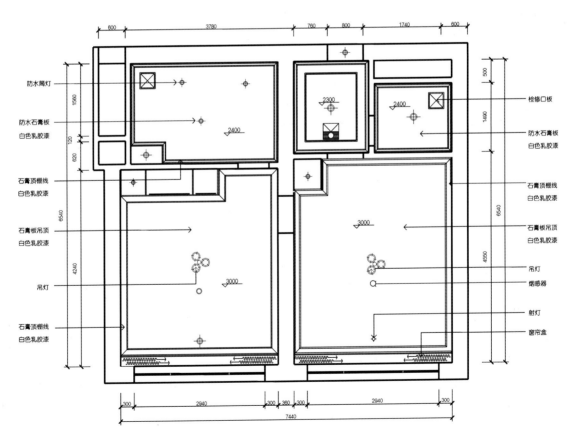

室内顶棚平面图（镜像）1：100

图7-4　室内顶棚平面图示例

二、室内立面图的表达方法及要求

（1）室内立面图应按比例绘制。

（2）室内立面图的顶棚轮廓线可根据具体情况只表达吊平顶或同时表达吊平顶及结构顶棚。

（3）平面形状曲折的建筑物可绘制展开室内立面图；圆形或多边形平面的建筑物，可分段展开绘制室内立面图，但均应在图名后加注"展开"二字。如图7-5b所示。

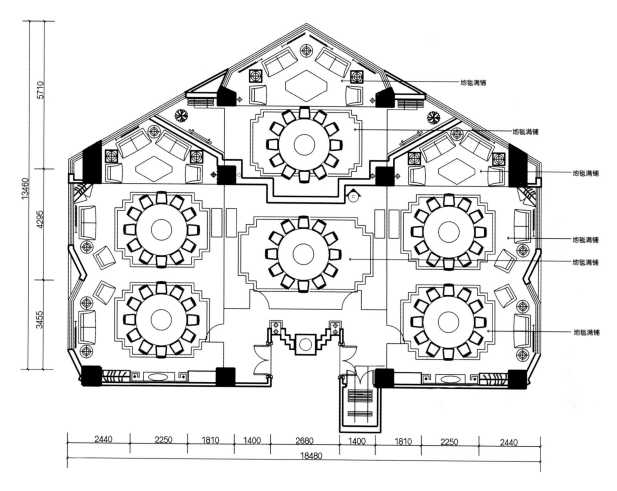

a 室内平面图 1:100

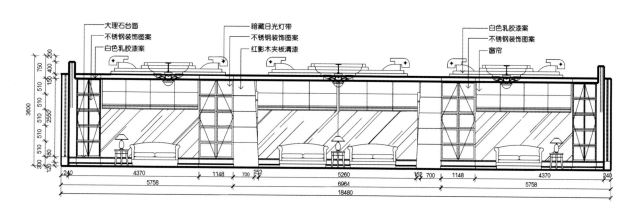

b C立面图"展开" 1:100

图7-5 室内平、立面图

（4）室内立面图的名称应根据平面图中内视符号的编号或字母确定（如1立面图、A立面图等）。

（5）在室内立面图上，应用文字说明各部位所用面材名称、规格、颜色及工艺做法。

（6）室内立面图标注定位轴线位置及编号时，应与室内平面图相对应。

（7）室内立面图应画出门窗投影形状，并注明其大小及位置尺寸。

（8）室内立面图应画出立面造型及需要表达的家具等物品的投影形状。

（9）对需要详细表达的部位，应画出详图。

（10）室内立面图中的附加物品应用图例或投影轮廓简图表示。无关的墙断面可不必画出。

（11）室内立面图线宽的选用与建筑立面图相同。

三、室内立面图的画法步骤

（1）选定图幅，确定比例。

（2）画出立面轮廓线及主要分隔线。

（3）画出门窗、家具及立面造型的投影。

（4）完成各细部作图。

（5）检查后，擦去多余图线并按线型线宽加深图线。

（6）注全有关尺寸，注写文字说明。

现以图7-3中的卧室为例画出其四个室内立面图，如图7-6所示。

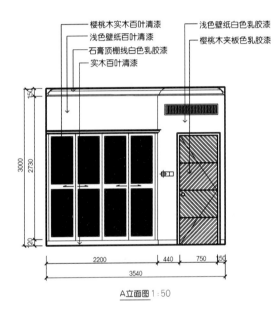

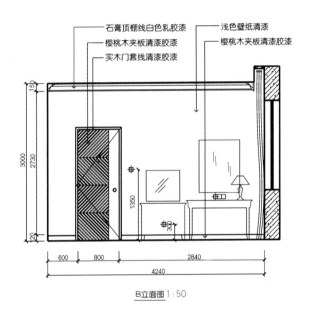

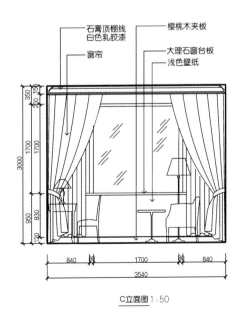

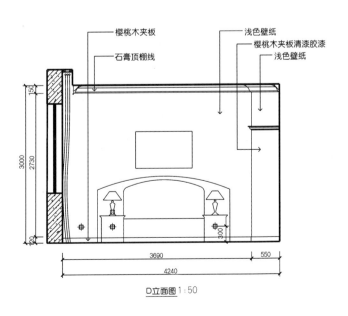

图7-6 室内立面图画法示例

第四节　室内详图

由于室内平面图及室内立面图大都采用较小的比例绘制，所以一些细部构造往往难以表达清楚。为解决此问题，实际画图时，将室内平面图或立面图需要详细表达的某一局部，采用适当的方式（投影图、剖视图、断面图均可）用较大的比例单独画出，这种图样称详图，也叫局部放大图或构造详图。以剖视图或断面图表达的详图又称节点图或节点详图。

详图的作用就是要详细表达局部的结构形状、连接方式、制作要求等。详图的表达方式大多采用局部剖视图和断面图。

一、室内详图的内容

（1）反映各面本身的详细结构、所用材料及构件间的连接关系。

（2）反映各面间的相互衔接方式。

（3）反映需表达部位的详细构造、材料名称、规格及工艺要求。

（4）反映室内配件设施的位置、安装及固定方式等。

（5）标注有关的详细尺寸。

二、室内详图的表达方法及要求

（1）室内详图要按合适的比例绘制（以能清楚表达为准）。

（2）室内详图应画出构件间的连接方式，应注全相应的尺寸，并应用文字说明制作工艺要求。

（3）室内详图应标明详图名称、比例，并在相应的室内平、立面图中标明索引符号。索引符号及详图符号的标注方法见本书第六章中的"索引符号与详图符号"。

（4）室内详图的线型、线宽选用与建筑详图相同。当绘制较简单的详图时，可采用线宽比为 b∶0.25b 的两种线宽的线宽组。

（5）室内详图的画法步骤与室内平面图、立面图的画法基本相同。

室内详图的实例如图 7-7 至图 7-11 所示。

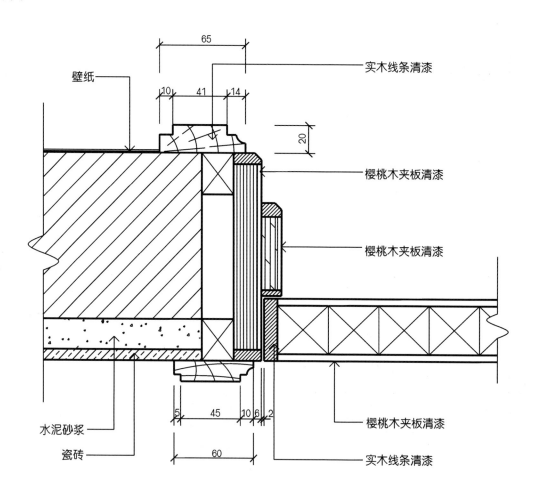

图 7-7　详图实例

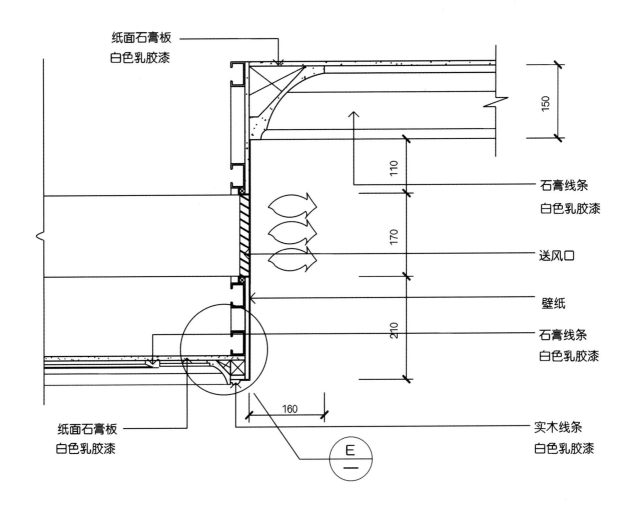

纸面石膏板
白色乳胶漆

150

石膏线条
白色乳胶漆

110

送风口

170

壁纸

石膏线条
白色乳胶漆

210

纸面石膏板
白色乳胶漆

实木线条
白色乳胶漆

160

E
—

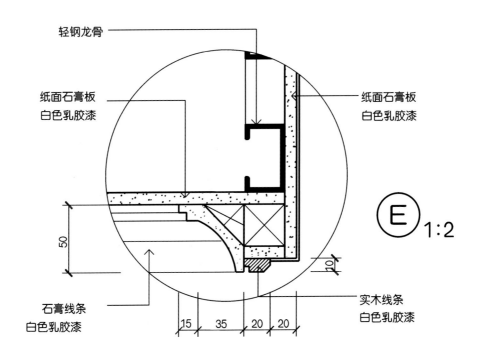

轻钢龙骨

纸面石膏板
白色乳胶漆

纸面石膏板
白色乳胶漆

50

E 1:2

10

石膏线条
白色乳胶漆

实木线条
白色乳胶漆

15 35 20 20

图 7-8 详图实例

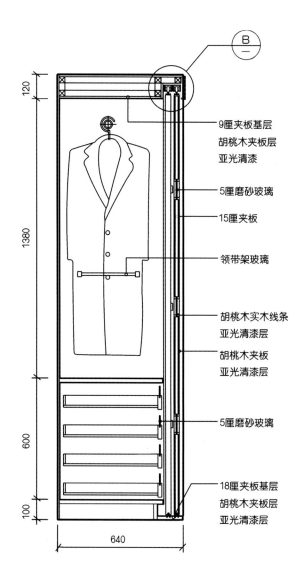

9厘夹板基层
胡桃木夹板层
亚光清漆

5厘磨砂玻璃

15厘夹板

领带架玻璃

胡桃木实木线条
亚光清漆层

胡桃木夹板
亚光清漆层

5厘磨砂玻璃

18厘夹板基层
胡桃木夹板层
亚光清漆层

120

1380

600

100

640

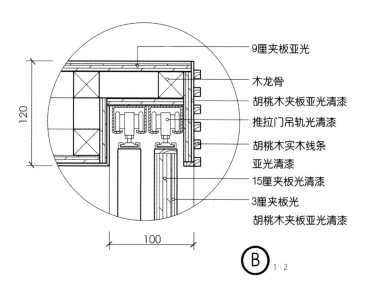

9厘夹板亚光

木龙骨

胡桃木夹板亚光清漆

推拉门吊轨光清漆

胡桃木实木线条
亚光清漆

15厘夹板光清漆

3厘夹板光
胡桃木夹板亚光清漆

120

100

B   1：2

图7-9　详图实例

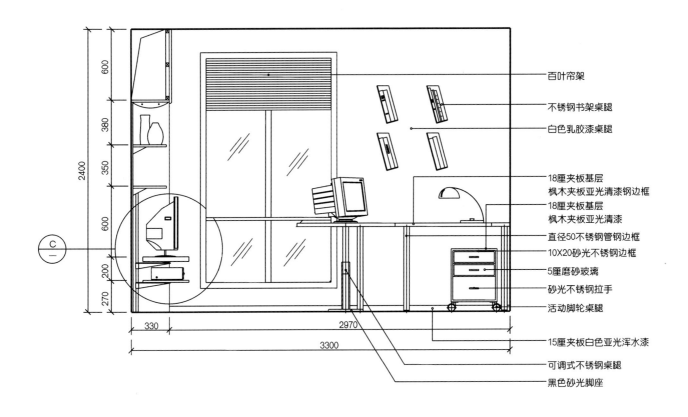

百叶帘架

不锈钢书架桌腿

白色乳胶漆桌腿

18厘夹板基层
枫木夹板亚光清漆钢边框

18厘夹板基层
枫木夹板亚光清漆

直径50不锈钢管钢边框

10X20砂光不锈钢边框

5厘磨砂玻璃

砂光不锈钢拉手

活动脚轮桌腿

15厘夹板白色亚光浑水漆

可调式不锈钢桌腿

黑色砂光脚座

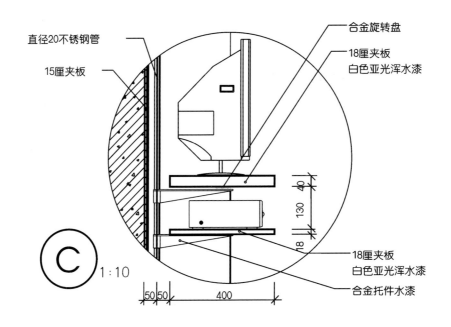

直径20不锈钢管

15厘夹板

合金旋转盘

18厘夹板
白色亚光浑水漆

18厘夹板
白色亚光浑水漆

合金托件水漆

图7-10 详图实例

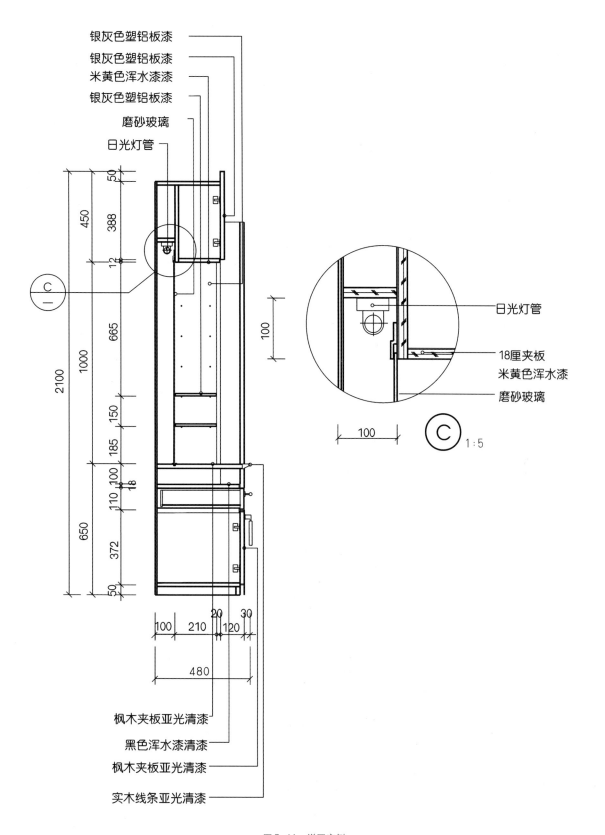

银灰色塑铝板漆
银灰色塑铝板漆
米黄色浑水漆漆
银灰色塑铝板漆
磨砂玻璃
日光灯管

50
450
388
12
665
1000
2100
150
185
100
110
100
18
650
372
50

100

C
—

100
20
210
30
120
480

日光灯管

18厘夹板
米黄色浑水漆

磨砂玻璃

100

C   1：5

枫木夹板亚光清漆
黑色浑水漆清漆
枫木夹板亚光清漆
实木线条亚光清漆

图 7-11 详图实例

第五节　室内施工图中的常用物品图例

　　建筑制图标准中现有的材料图例和物品图例一般均可在室内设计施工图中使用，但由于室内设计所用材料及物品图例较多，涉及面较广，为方便查找，现将室内设计施工图中常用图例集中列出（前面已列出的不再重复）。在使用图例时，应遵循以下规定：

　　（1）图例线一般用细实线绘制；

　　（2）表达同类材料的不同品种时，应在图中附加说明；

　　（3）需自编图例时，可按已设定的大致比例画出所示实物轮廓投影简图，必要时辅以文字说明，以免与其他图例混淆。

一、装饰用品图例

1.床、柜简图

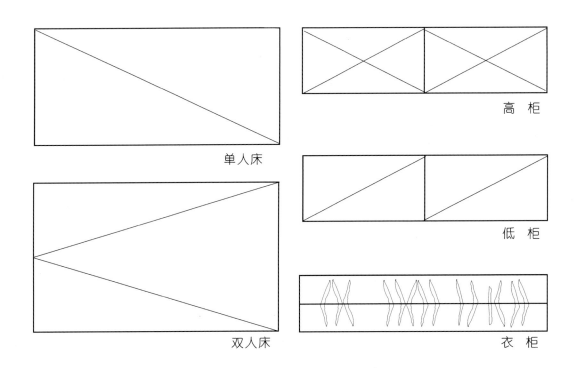

单人床

双人床

高　柜

低　柜

衣　柜

2. 单、双人床平、立面图

3.沙发平、立面图

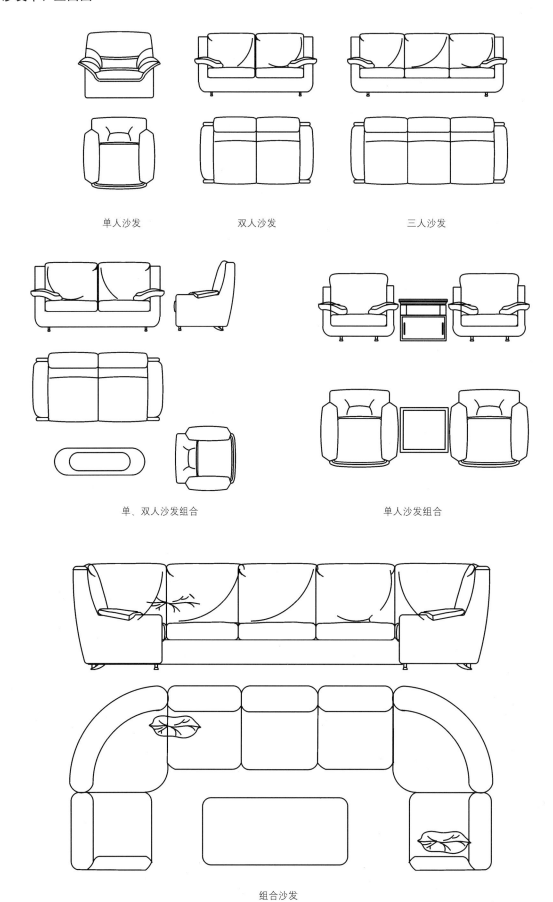

单人沙发　　　　　双人沙发　　　　　三人沙发

单、双人沙发组合　　　　　单人沙发组合

组合沙发

4.餐桌简图

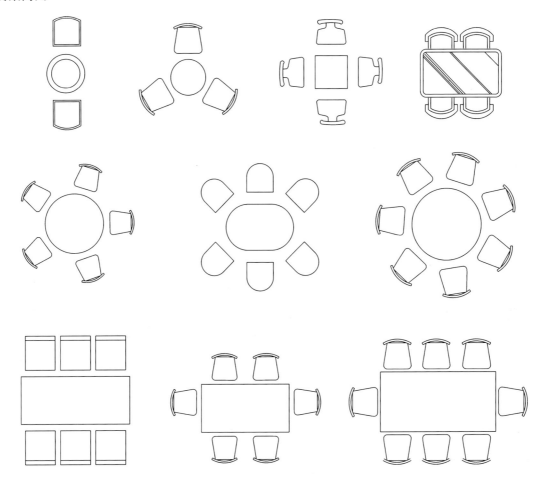

5.办公椅平、立面图

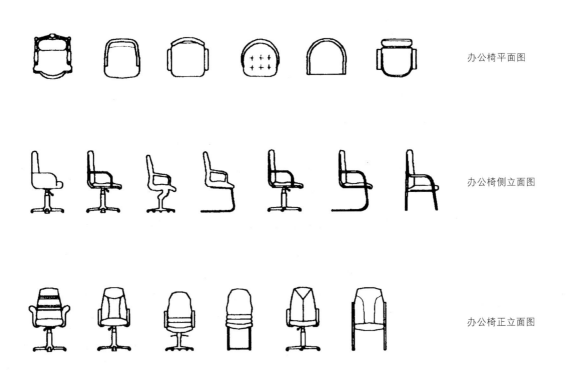

办公椅平面图

办公椅侧立面图

办公椅正立面图

6.窗帘图

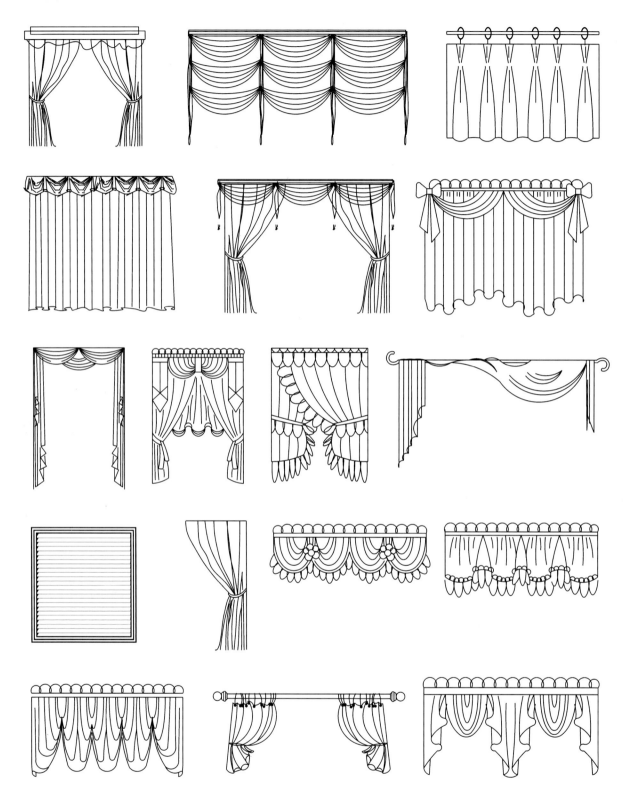

7.花草树木平面图

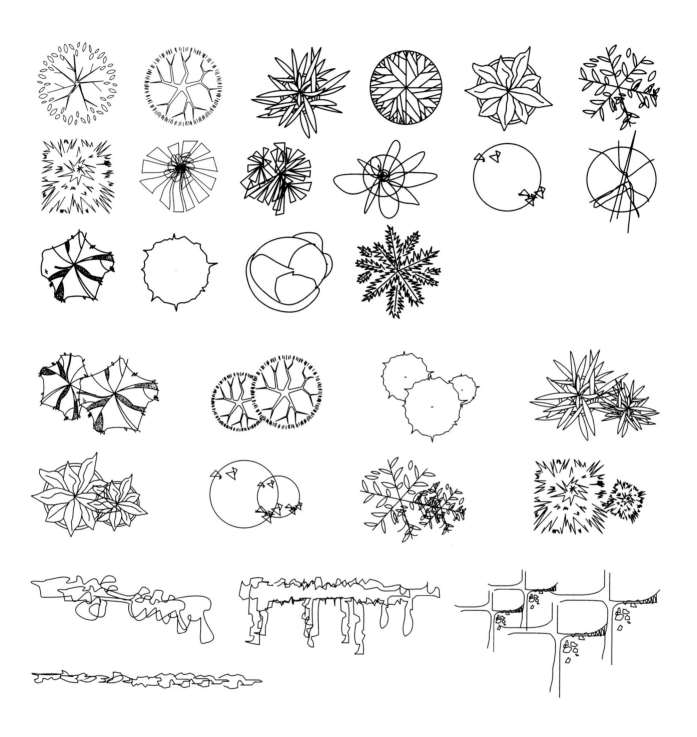

8.盆景花卉立面图

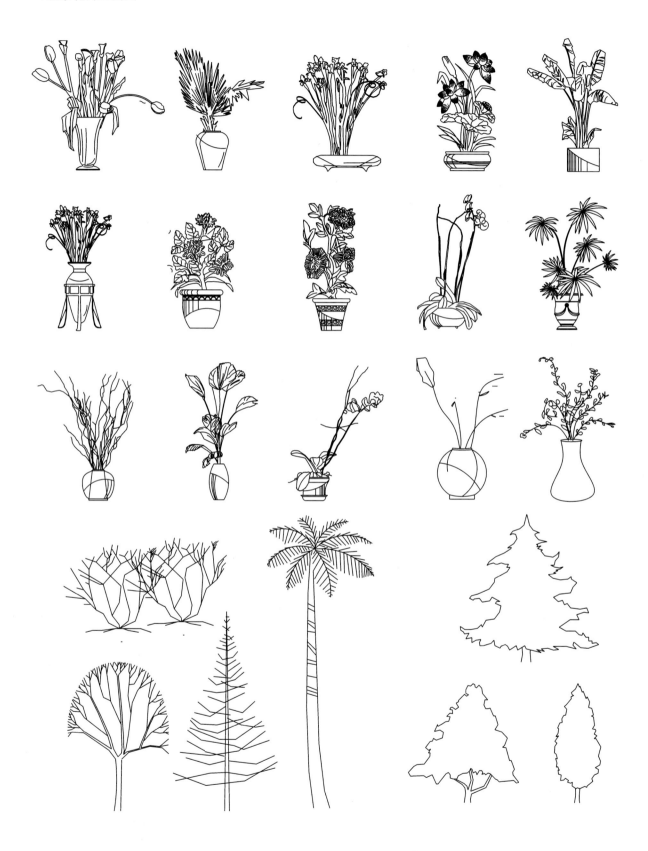

二、 电器设备图例

1.灯具简图及图例

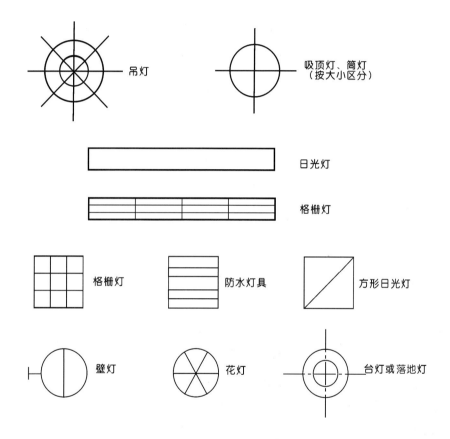

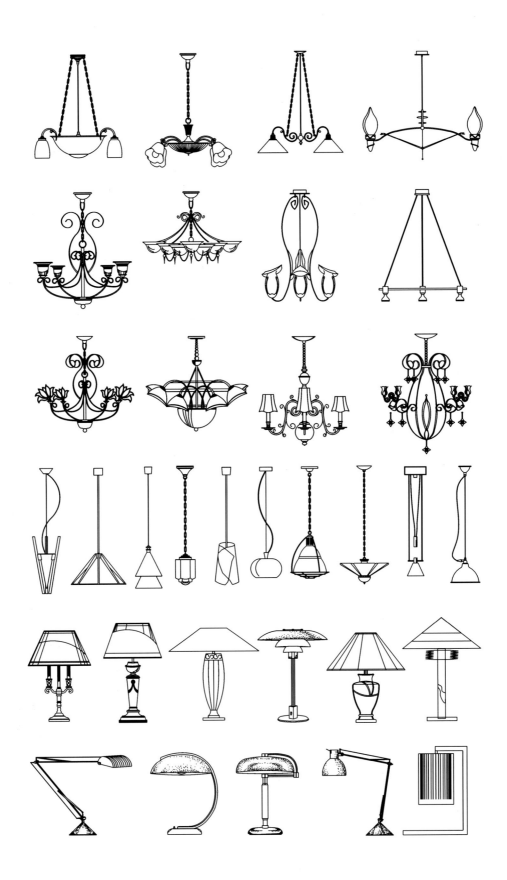

2.视听电器设备

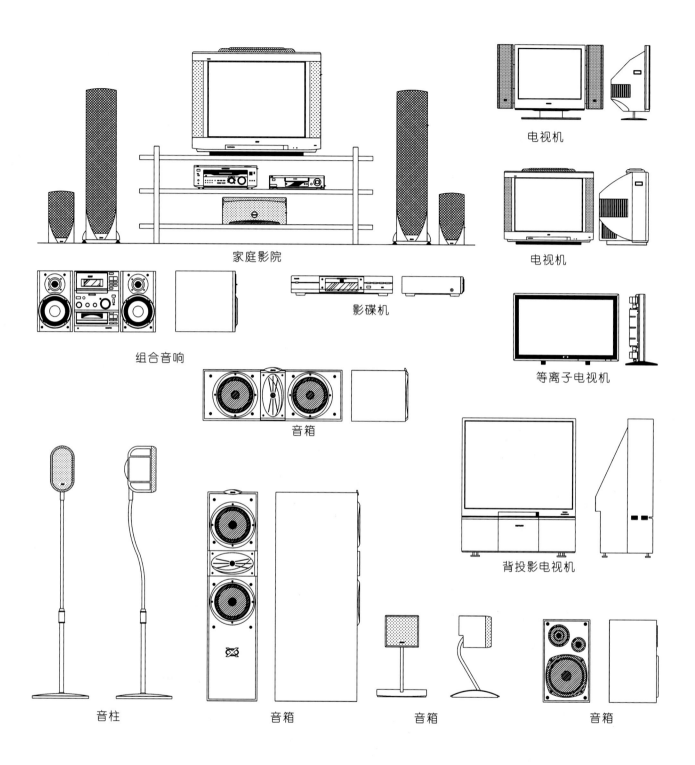

电视机

电视机

家庭影院

影碟机

组合音响

音箱

等离子电视机

背投影电视机

音柱

音箱

音箱

音箱

3.厨房电器设备

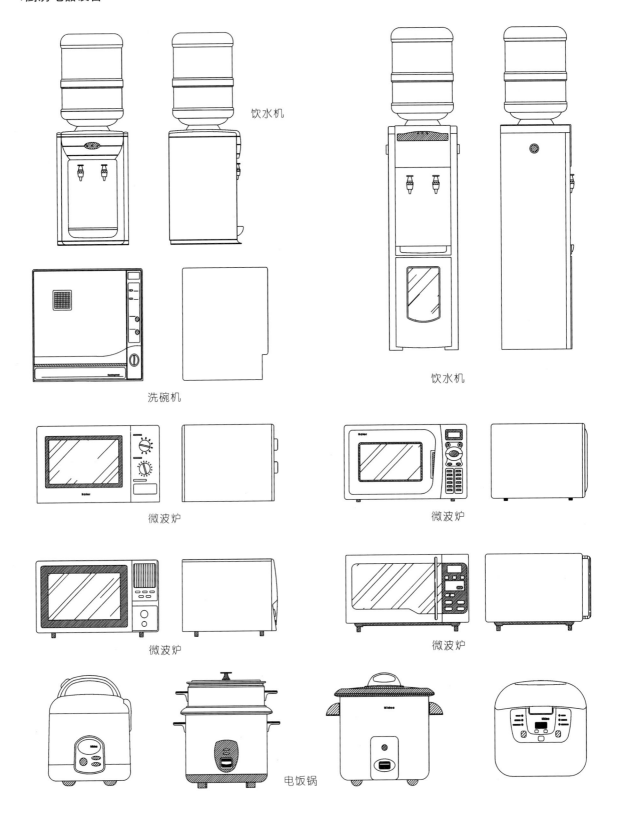

饮水机

饮水机

洗碗机

微波炉

微波炉

微波炉

微波炉

电饭锅

4.其他电器设备

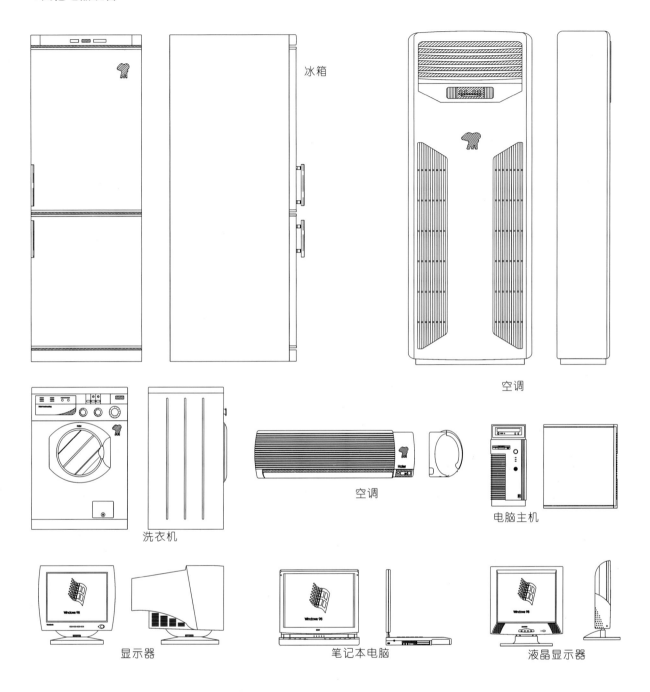

冰箱

空调

空调

电脑主机

洗衣机

显示器

笔记本电脑

液晶显示器

三、卫生洁具图例

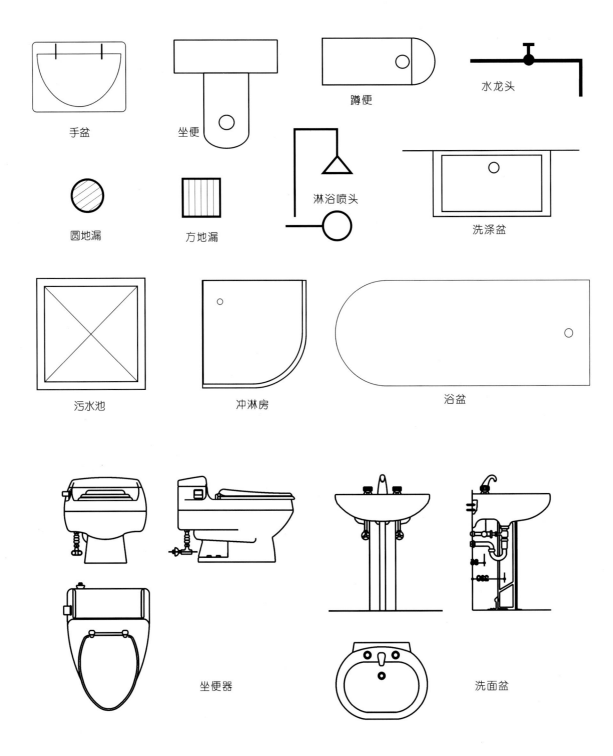

手盆　　坐便　　蹲便　　水龙头

圆地漏　　方地漏　　淋浴喷头　　洗涤盆

污水池　　冲淋房　　浴盆

坐便器　　洗面盆

第六节　室内设计施工图参考实例

　　为了更好地学习和掌握室内设计施工图画法要求，充分地了解室内设计施工图的表达内容，下面的图例可供学习时参考。

　　家庭装修设计施工图实例（部分）

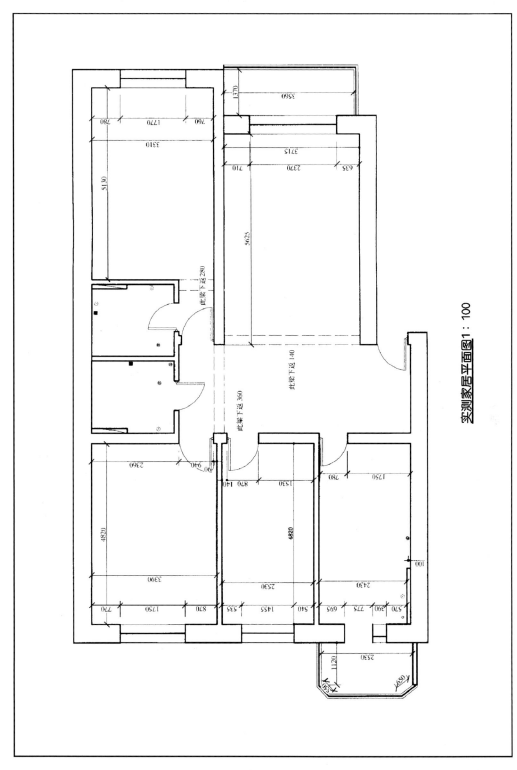

实测家居平面图1：100

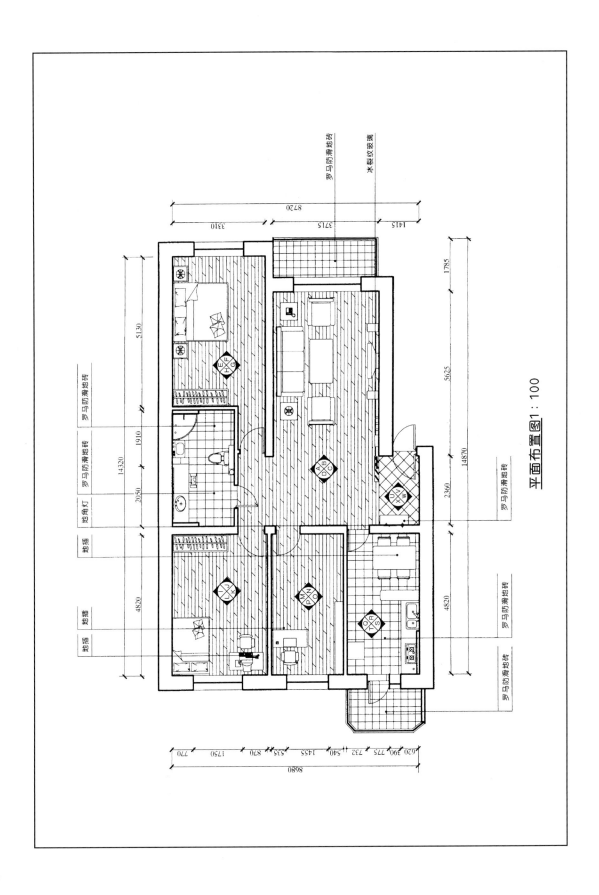

平面布置图1：100

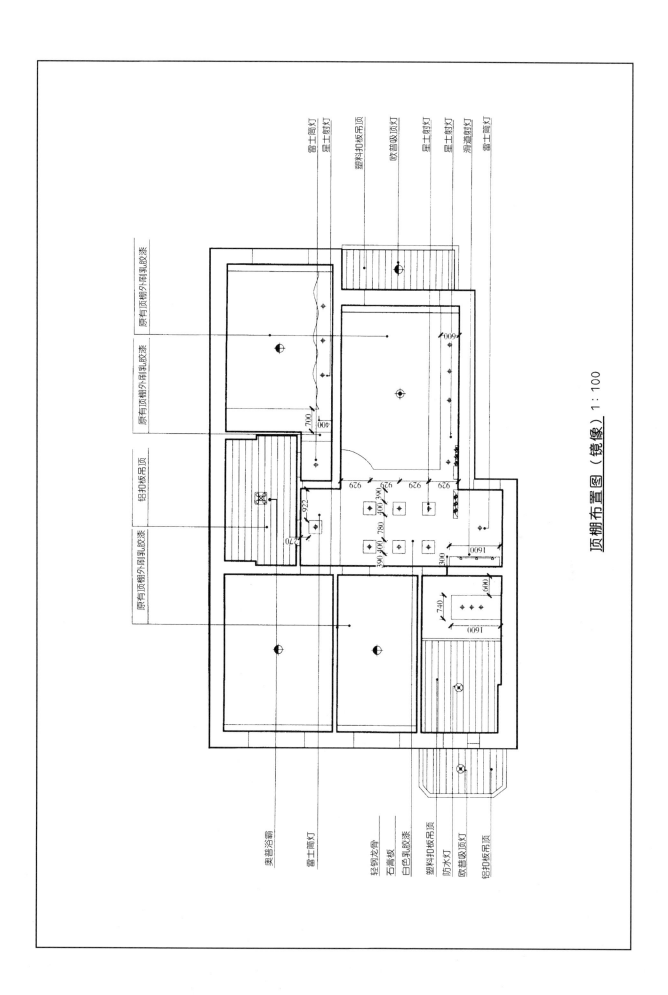

顶棚布置图（镜像）1：100

雷士筒灯
星士射灯
塑料扣板吊顶
欧普吸顶灯
星士射灯
星士射灯
滑道射灯
雷士筒灯

原有顶棚外刷乳胶漆
原有顶棚外刷乳胶漆
铝扣板吊顶
原有顶棚外刷乳胶漆

奥普浴霸
雷士筒灯
轻钢龙骨
石膏板
白色乳胶漆
塑料扣板吊顶
防水灯
欧普吸顶灯
铝扣板吊顶

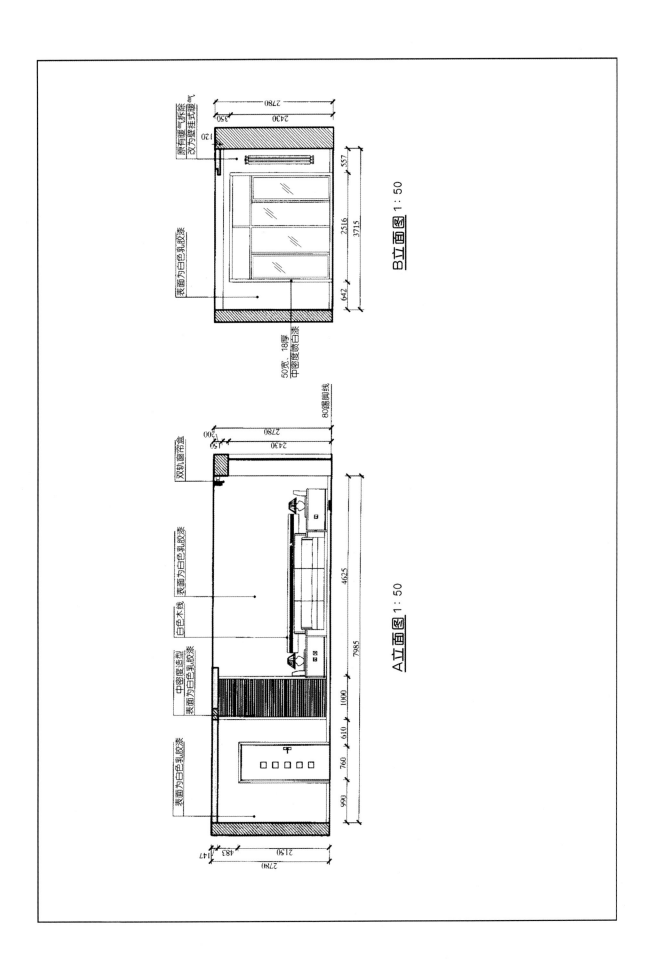

B立面图 1：50

原有暖气拆除改为壁挂式暖气

表面为白色乳胶漆

50宽，18厚中密度喷白漆

A立面图 1：50

双轨窗帘盒

80踢脚线

表面为白色乳胶漆

白色木线

中密度造型表面为白色乳胶漆

表面为白色乳胶漆

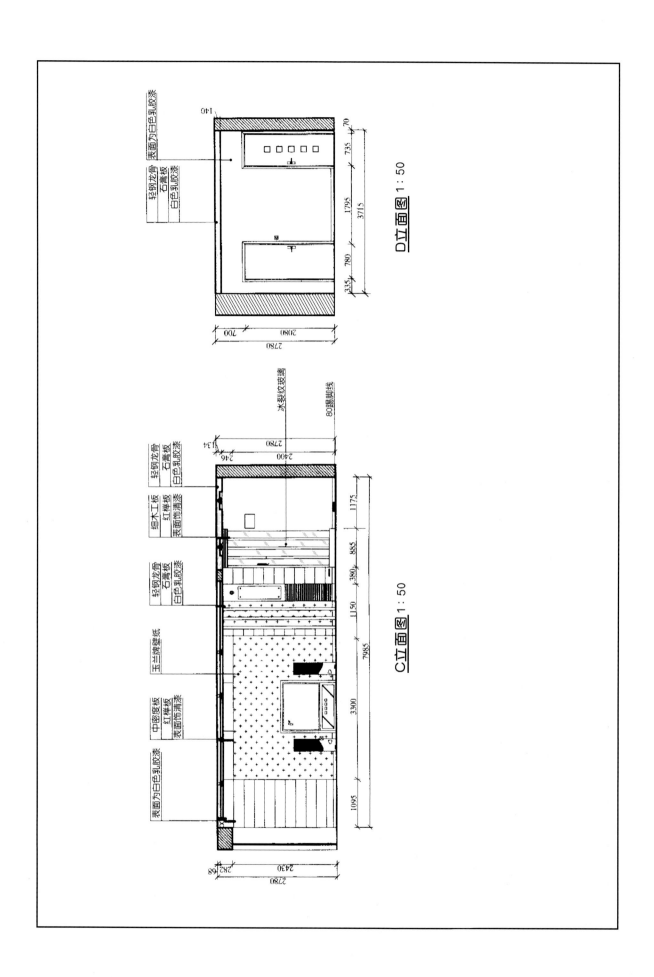

表面为白色乳胶漆

轻钢龙骨
石膏板
白色乳胶漆

D立面图 1 : 50

轻钢龙骨
石膏板
白色乳胶漆

细木工板
红榉板
表面饰清漆

轻钢龙骨
石膏板
白色乳胶漆

玉兰牌壁纸

中密度板
红榉板
表面饰清漆

表面为白色乳胶漆

冰裂纹玻璃

80踢脚线

C立面图 1 : 50

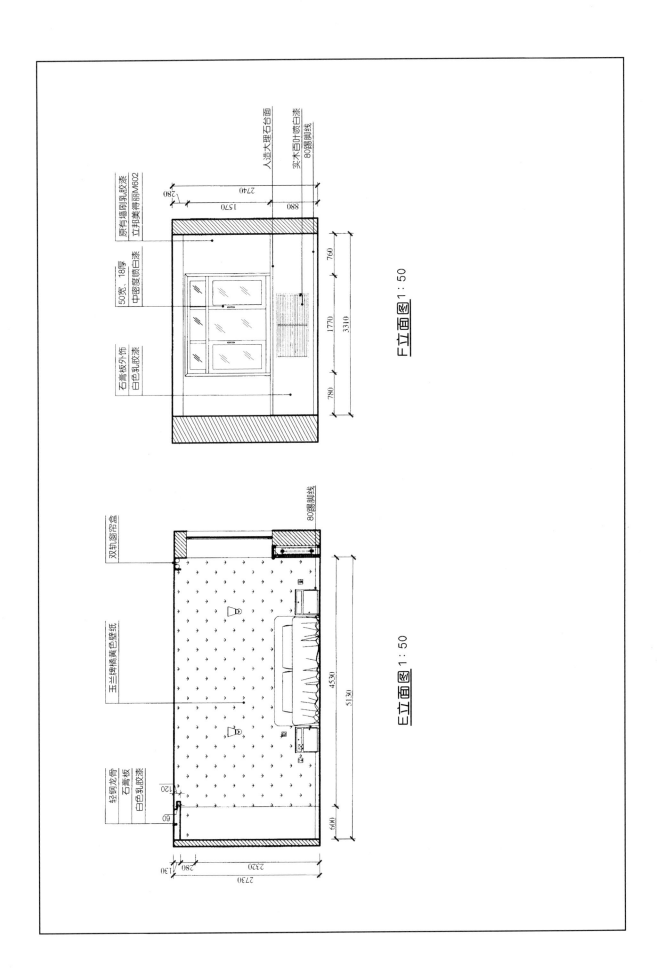

F立面图1：50

E立面图1：50

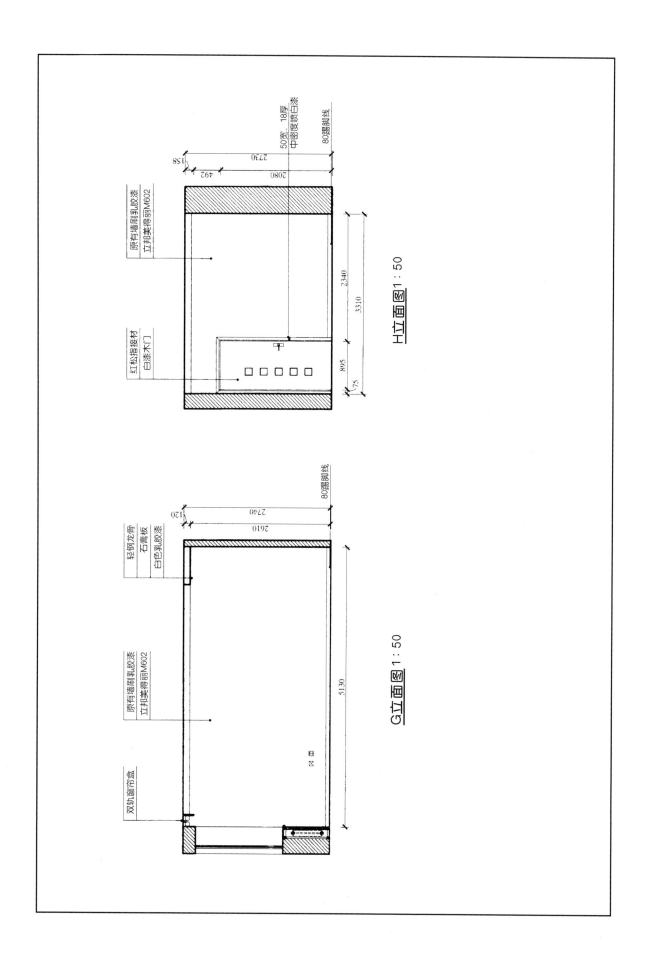

H立面图1：50

原有墙刷乳胶漆
立邦美得丽M602

红松指接材
白漆木门

50宽、18厚
中密度喷白漆

80踢脚线

G立面图1：50

轻钢龙骨
石膏板
白色乳胶漆

原有墙刷乳胶漆
立邦美得丽M602

双轨窗帘盒

80踢脚线

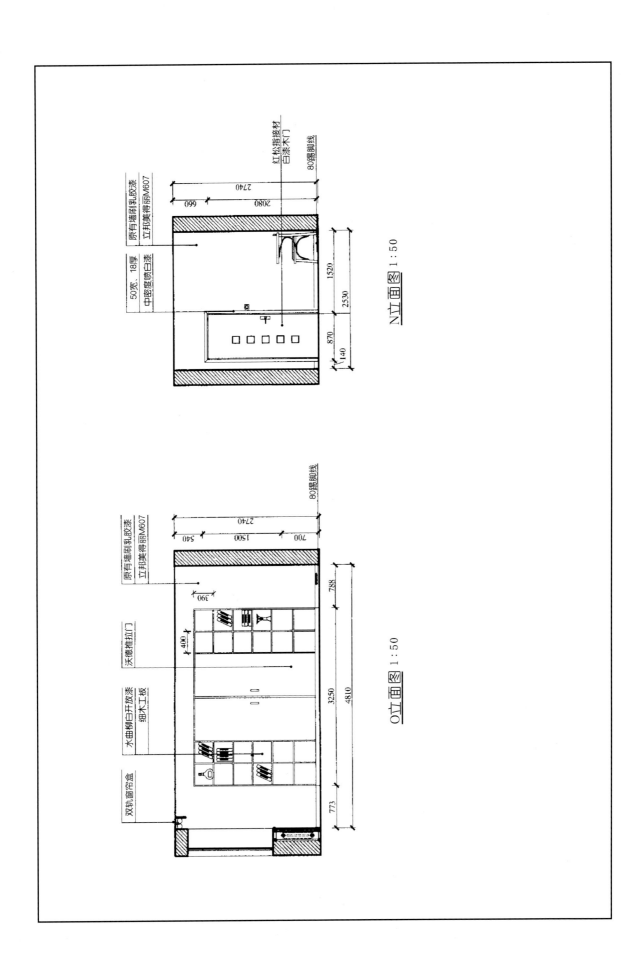

原有墙刷乳胶漆
立邦美得丽M607

50宽，18厚
中密度喷白漆

红松指接材
白漆木门

80踢脚线

2740
660 2080 660

1520
2530
870
140

N立面图 1:50

双轨窗帘盒

水曲柳白开放漆
细木工板

沃德推拉门

原有墙刷乳胶漆
立邦美得丽M607

80踢脚线

2740
540 1500 700

788
390
400

3250
4810

773

O立面图 1:50

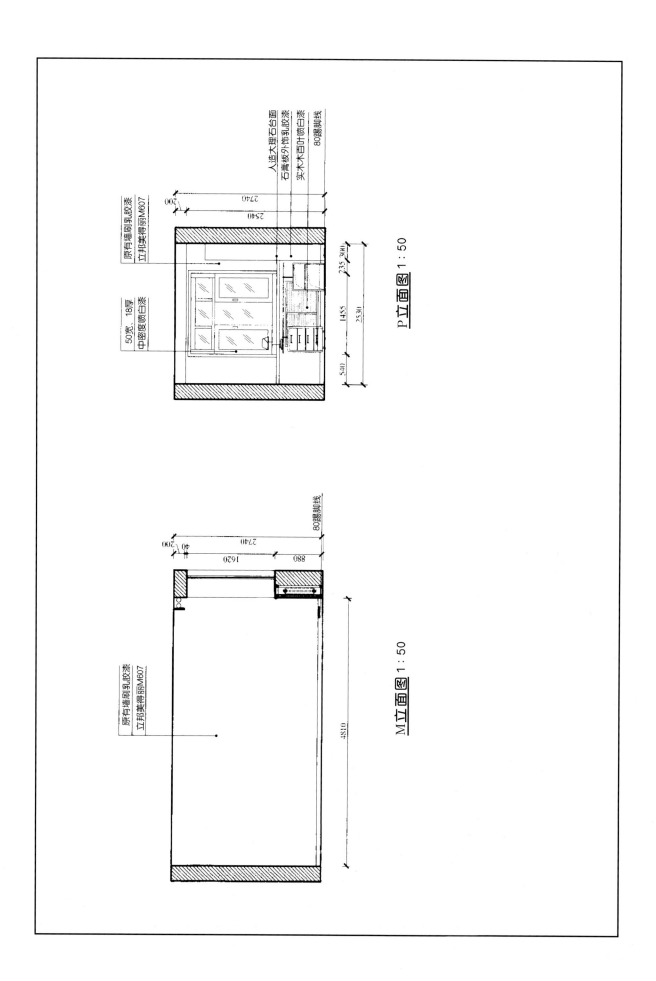

原有墙刷乳胶漆
立邦美得丽M607

50宽 18厚
中密度喷白漆

人造大理石台面
石膏板外饰乳胶漆
实木百叶喷白漆
80踢脚线

235 300
2740
2540
200
1455
2530
540

P立面图 1:50

原有墙刷乳胶漆
立邦美得丽M607

80踢脚线

2740
1620
880
40
200

4810

M立面图 1:50

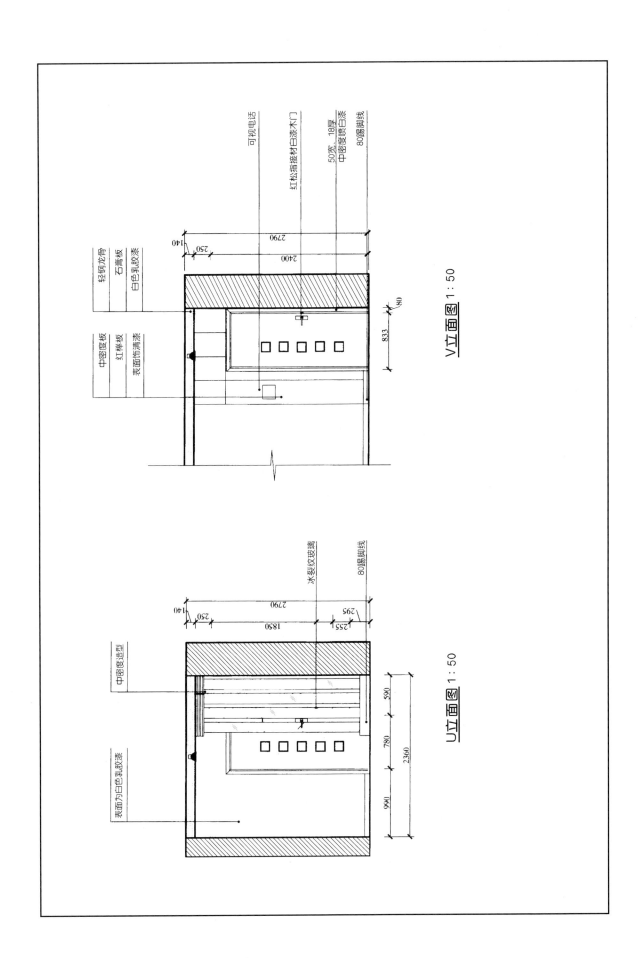

可视电话

红松指接材白漆木门

50宽，18厚
中密度喷白漆

80踢脚线

轻钢龙骨
石膏板
白色乳胶漆

中密度板
红榉板
表面饰清漆

140
250
2790
2400
833
80

V立面图 1：50

冰裂纹玻璃

80踢脚线

中密度造型

表面为白色乳胶漆

140
250
2790
1850
295
255
2360
590
780
940

U立面图 1：50

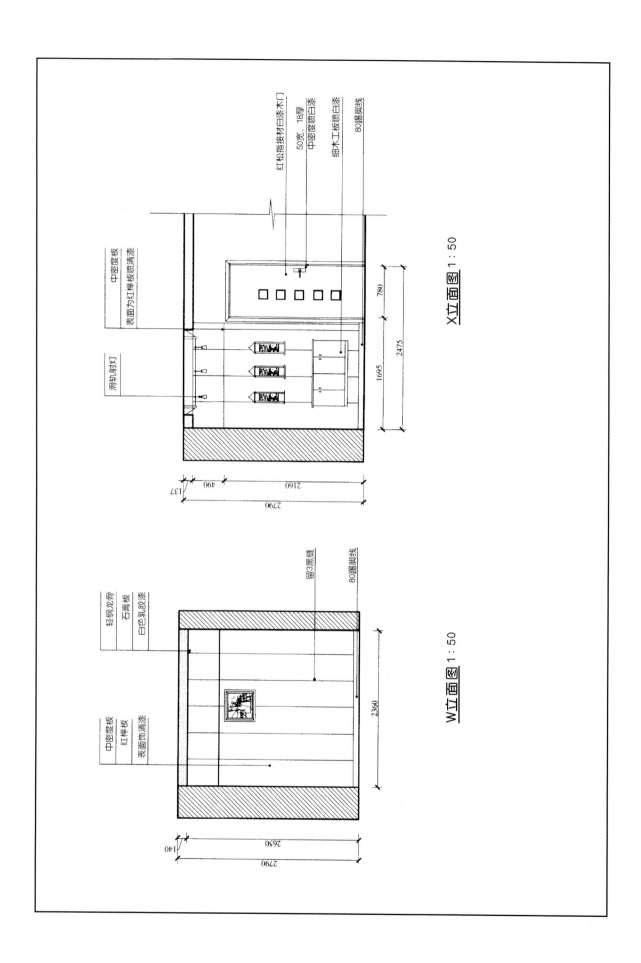

红松指接材白漆木门

50宽，18厚
中密度喷白漆

细木工板喷白漆

80锡脚线

中密度板
表面为红榉板喷清漆

滑轨射灯

X立面图 1：50

轻钢龙骨
石膏板
白色乳胶漆

留3黑缝

80锡脚线

中密度板
红榉板
表面饰清漆

W立面图 1：50

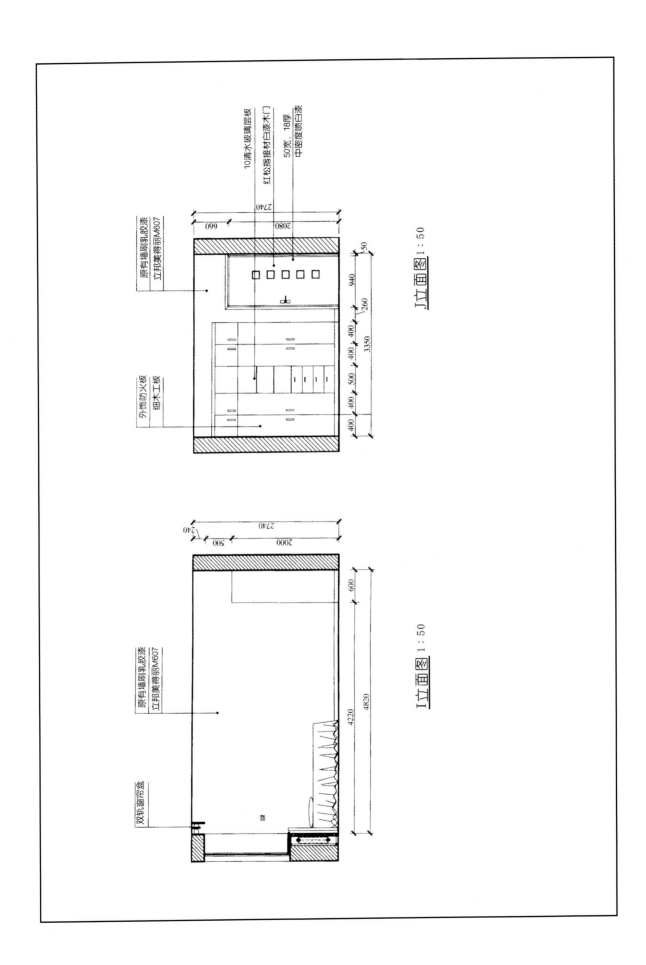

J立面图 1 : 50

I立面图 1 : 50

146

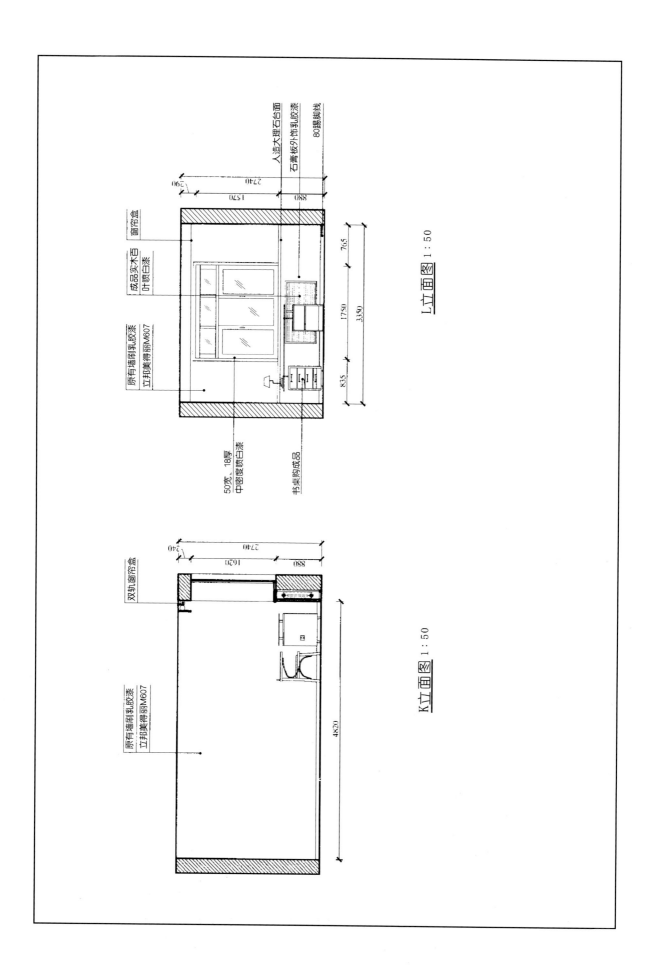

人造大理石台面
石膏板外饰乳胶漆
80踢脚线

窗帘盒

成品实木百叶喷白漆

原有墙刷乳胶漆
立邦美得丽M607

50宽、18厚
中密度喷白漆

书桌购成品

L立面图 1：50

双轨窗帘盒

原有墙刷乳胶漆
立邦美得丽M607

K立面图 1：50

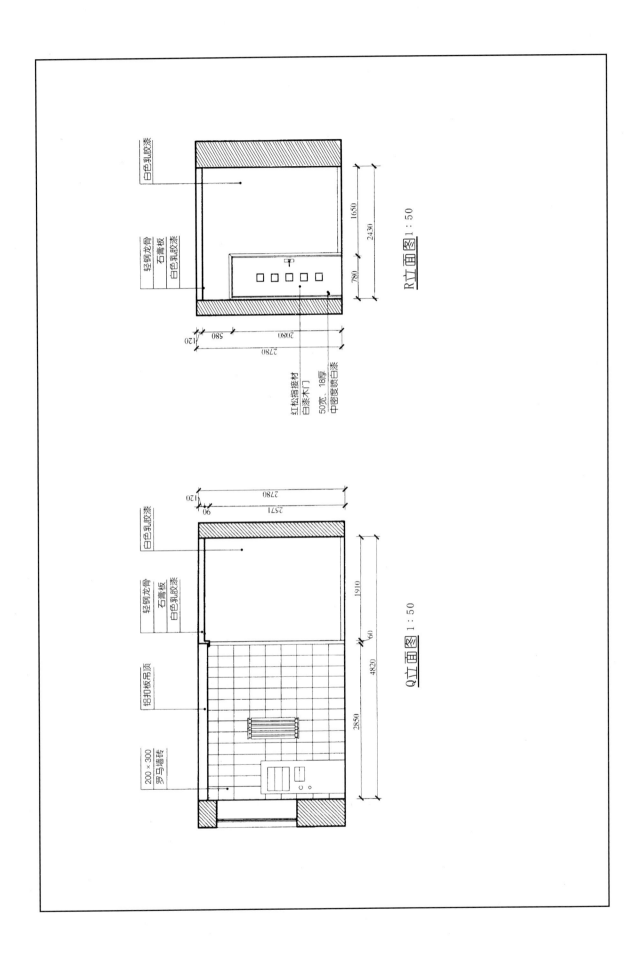

白色乳胶漆

轻钢龙骨
石膏板
白色乳胶漆

R立面图1:50

红松指接材
白漆木门
50宽，18厚
中密度喷白漆

白色乳胶漆

轻钢龙骨
石膏板
白色乳胶漆

铝扣板吊顶

200×300
罗马墙砖

Q立面图1:50

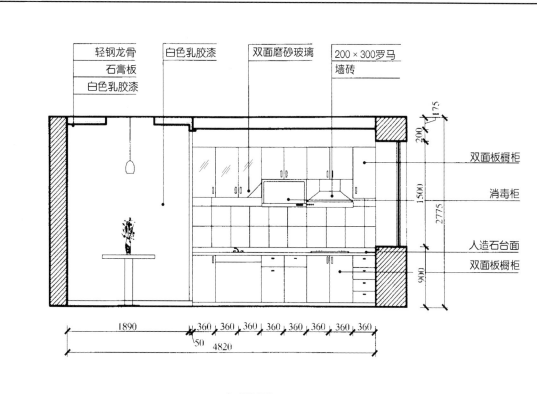

轻钢龙骨　白色乳胶漆　双面磨砂玻璃　200×300罗马墙砖
石膏板
白色乳胶漆

双面板橱柜

消毒柜

人造石台面
双面板橱柜

175
200
1500
2775
900

1890　360 360 360 360 360 360 360 360
50　4820

S立面图1:50

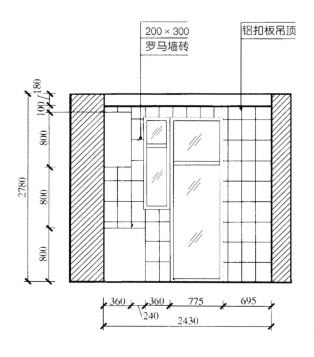

200×300
罗马墙砖　铝扣板吊顶

180
100
800
800
2780
800

360 360 775 695
240
2430

T立面图1:50

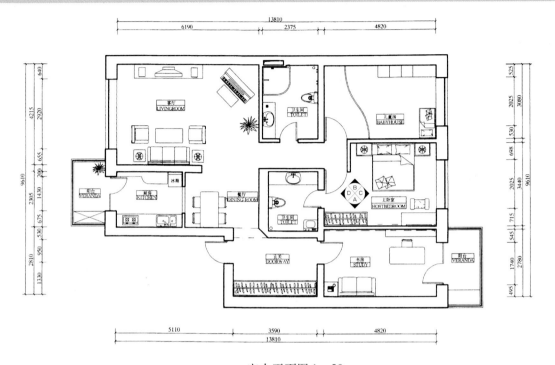

室内平面图 1：50

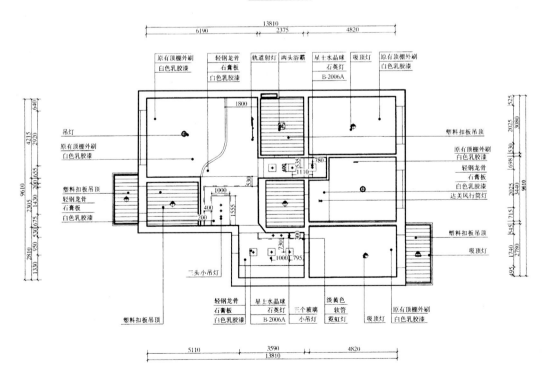

室内顶棚平面图（镜像）1：50

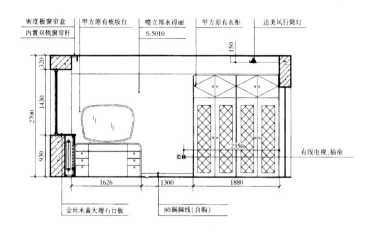

密度板窗帘盒　甲方原有梳妆台　喷立邦永得丽　甲方原有衣柜　达美风行筒灯
内置双轨窗帘杆　　　　　　　　S-5010

150

320
1430
2700
930

2350

有线电视、插座

金丝米黄大理石台板　　　80踢脚线(自购)

1626　　　1300　　　1880

A立面图 1:30

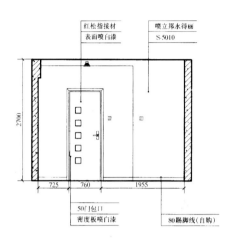

红松指接材　　喷立邦永得丽
表面喷白漆　　S-5010

2700

725　760　　1955

50门包口
密度板喷白漆

80踢脚线(自购)

D立面图 1:30

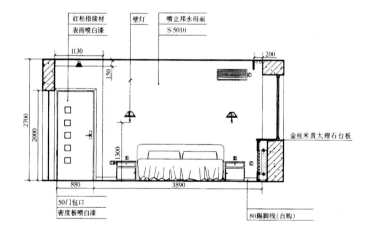

红松指接材　　壁灯　　喷立邦永得丽
表面喷白漆　　　　　S-5010

1130　　　　　　　　　200

150

2700
2000

1300

金丝米黄大理石台板

880　　　3890

50门包口
密度板喷白漆

80踢脚线(自购)

B立面图 1:30

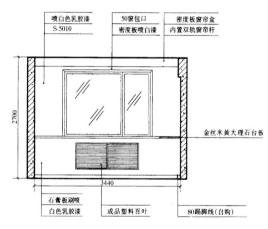

喷白色乳胶漆　50窗包口　　密度板窗帘盒
S-5010　　　密度板喷白漆　内置双轨窗帘杆

2700

金丝米黄大理石台板

3440

石膏板刷喷
白色乳胶漆　　成品塑料百叶　　80踢脚线(自购)

C立面图 1:30

151

第 **8** 章

家具设计图
和装配图

本章要点
- 家具零部件连接及家具详图的画法
- 家具设计图和装配图的画法
- 家具设计图实例

　　家具在室内设计中既要完成其使用功能，又要起到美化空间的效果。因此，家具设计在室内设计中起着十分重要的作用。家具一般都是由相当数量的零部件按一定的连接方式装配而成。为方便家具设计，国家规定了《家具制图标准》QB1338-1991。

　　家具的造型及风格直接影响着室内设计风格，因此，在室内设计中往往要绘制大量的家具图样，以供室内设计工程施工时现场制作，或由家具厂依据图纸定做。所以，了解和掌握家具图样的绘制方法是十分重要的。

　　本章详细介绍了家具零部件连接及家具详图、家具设计图和装配图的画法，并提供了多种家具设计图图例。

第一节　家具零部件连接及家具详图的画法

　　家具一般都是由相当数量的零部件按一定的连接方式装配而成。常见的连接方式有固定式和可拆式两种。固定式的如榫接合、胶接合、铆接合、圆钢钉接合等。可拆式的连接如螺栓连接、定位销连接，及各种新型的连接件连接等。另外还有介于两者之间的连接，如木螺钉连接、倒刺、胀管连接等。为方便制图，一些常用的连接方式家具制图标准 QB1338-1991 已有了规定画法。

一、榫接合画法

　　榫接合是家具中最常用的连接方式之一，见表8-1。榫接合是指榫头嵌入榫孔的连接方式。在制作中，榫头可以是零件本身的一部分，也可以单独制作，单独制作时，相结合的两零件都只开榫孔。

表8-1 榫接合示例

接合方法	应用说明	接合方法	應用说明
开口不贯通双榫	双榫头可防止零件扭动。榫头端表面不显露于外表面,应用于屉面上横撑与桌腿的接合	开口贯通单榫	用于有面板覆盖处的框架角接合,如屉面上横撑(横档)与腿的接合
开口不贯通单榫	常用于非装饰表面,如门扇、窗扇角接合、覆面板内部框架等,常以木销钉做附加紧固	闭口不贯通榫	榫头不显露于表面,广泛应用于框架的角接合、柜门、旁板以及椅前腿与望板的接合等
开口贯通双榫	接合牢固,用于较厚方材的角接合。如门框、窗框等角接合部位,常以木销钉做附加紧固	闭口贯通单榫	适用于表面装饰质量要求不高的各种框架角接处
闭口不贯通双榫	接合强度大,榫头完全被掩盖,适于透明装饰的各种框架角接合以及屉面下横撑与桌腿的接合	插入圆榫	接合强度比整体平榫低30%,钻孔要求准确,用于沙发扶手与前腿的接合,钟框的角接处
闭口不贯通单榫	广泛应用于木框结构的角接处。如柜门、旁板、镜框等,带有割肩(切肩)的单榫用于框嵌板结构的角接处	燕尾榫接合	比平榫接合牢固,榫头不易滑动,适用于长沙发脚架或覆面板成型框架的角接合

在家具图样上，家具制图标准规定，凡固定接合的榫连接，榫头的横断面的投影要涂以中间色，这样画的目的是为了易于看图，便于识别榫接合，如图8-1所示。

特别在装配图中，当出现不同方向的榫接合，集中在一起时，就更易于分清榫头数量和榫头方向。同一榫头为阶梯状时，只将长端的断面涂上中间色，如图8-2。画图时中间色可用红铅笔涂红，也可用HB铅笔涂黑。

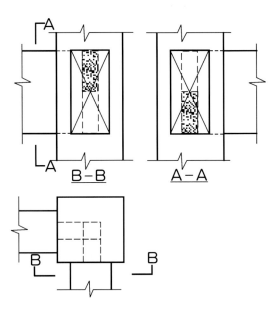

图8-2 榫头长端涂中间色

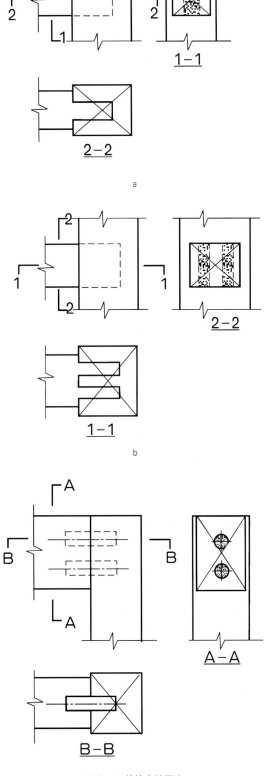

图8-1 榫接合的画法

家具制图标准规定，榫头端面除了涂中间色表示外，也可用一组不少于三条的细实线表示，且细实线应画成平行于长边的长线，如图8-3所示。

为了简化作图，一些工艺要求可省略。如榫孔深度比榫头长度略大，图上就不用画出，而画成等长的。

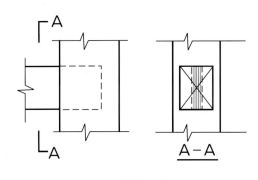

图8-3 画细实线表示榫头端面

二、常用连接件的画法及标注

在家具生产中，使用各种方便装拆、牢固美观的连接件把家具零部件装配成家具，是提高生产效率和装配质量的重要环节。随着家具行业的不断发展，从榫接合的框架式到以连接件接合为主的板式家具，连接件的重要性越来越突出。目前国内广泛使用的连接件不下十几种。大多数连接件虽然结构不算复杂，但在家具图样上按其实际投影画出却是十分烦琐，况且一件家具上用连接件常常是多处。因此无论是从减少绘图的工作量，还是从保证图样的清晰来说，都没有必要按实际投影不断重复这些现成的连接件，为此《家具制图》标准（QB1338-1991）对一些常用连接件画法作出了规定。

在局部详图或比例较大的图形中，用木螺钉、圆钢钉、螺栓等连接时，画法如图8-4所示。

其中a为螺栓连接，b为圆钢钉连接，c为木螺钉连接，d为铆钉连接。图中除定位中心线用细实线外，均用粗实线表示，连接件上的外螺纹则用粗虚线画出。

部分可拆连接件在局部详图或比例较大的图形中可按图8-5所示简化画法画出，必要时注明名称代号及规格。

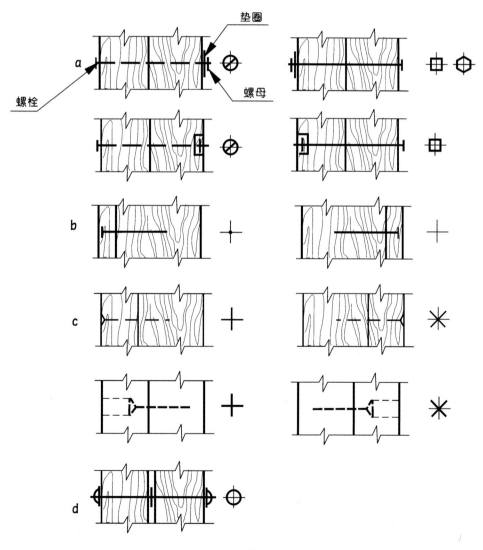

图8-4 连接件画法

155

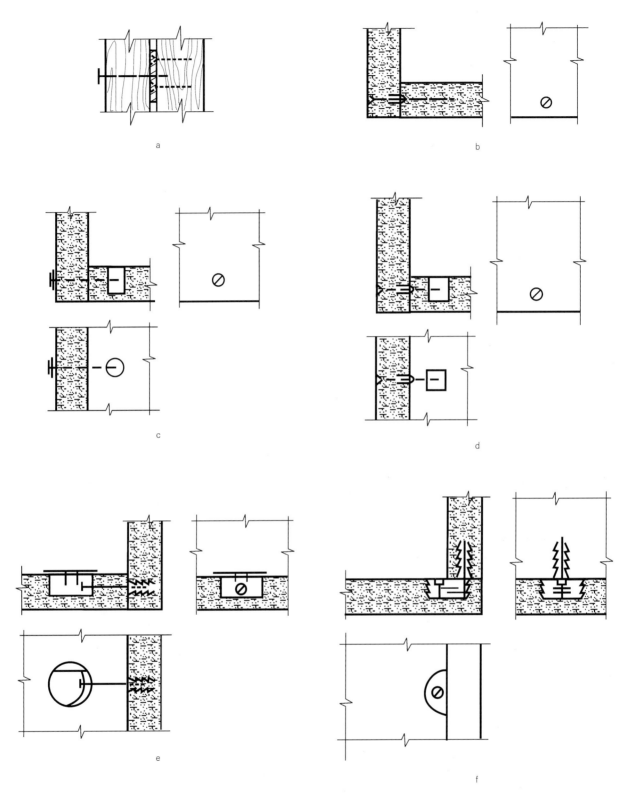

图8-5　常用连接件画法

图8-5中，a为矩形连接板连接，b为空心螺钉连接，c为圆柱螺母连接件连接，d为对接式连接件连接，e为螺栓偏心连接件连接，f为凸轮柱连接件连接。图中图线均用粗实线表示，连接件上的外螺纹用粗虚线画出。

杯状暗铰链可按其外形简化画出，见表8-2。

表 8-2　杯状暗铰链画法

	局部详图上	基本视图上
类型A	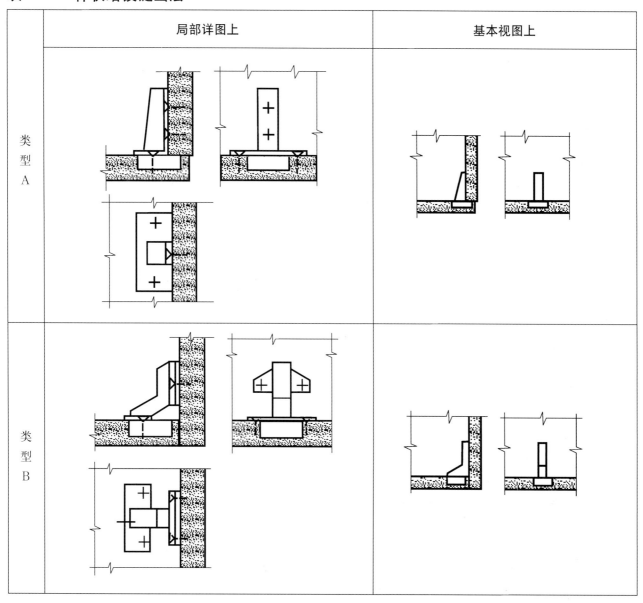	
类型B		

以上的画法都是只有在局部详图中才需这样绘出，具体大小只要和实际连接件大小大致接近即可，无须严格按比例画出。在基本视图上往往因比例较小，画不出连接件的具体类别。若需表达连接件时，标准规定可用细实线表示其位置，即：在表示长度方向的视图中画一段细实线"——"，在表示两端部的投影中均画"＋"，同时用文字加以说明即可。如图 8-6 所示。

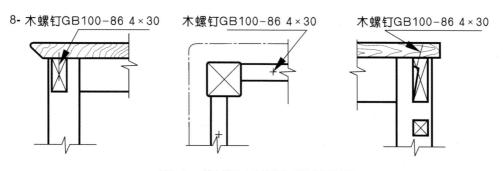

图 8-6　基本视图中连接件的表示方法及标注

8-木螺钉GB100-86 4×30　　木螺钉GB100-86 4×30　　木螺钉GB100-86 4×30

157

用带箭头的细引出线注明连接件的数量名称、规格和代号。图中"8－木螺钉 GB100－86 4×30"表示，数量为8个，规格为4(直径)×30(长度)的木螺钉，GB100－86是木螺钉的国家级标准代号。

三、家具局部详图

将家具的部分结构用大于基本视图所采用的比例画出的局部图形，称局部详图。特别在家具结构装配图中，局部详图起着十分重要的作用，由于它能将家具的一些结构特点、连接方式、较小零件的真实形状以及装饰图案等以较大比例的图形表达清楚，所以在图样中被广泛采用。局部详图大多采用1：1或1：2的比例画出。

局部详图由于只画某一部分，因此，假想折断部分就要用折断线画出，折断线的长度应超出轮廓线3～5mm，且常取水平和垂直方向，避免画成斜的，如图8－7所示。

第二节　家具设计图和装配图

一件家具从设计到生产出成品前，通常要经过以下过程：

（1）根据用户及设计要求画出设计草图。

（2）由设计草图经选择、修改后画出设计图。

（3）依据设计图画出家具结构装配图，并做实样。

（4）对大批量生产的家具要依据装配图画出必要的零、部件图。

各种图样在生产中均有不同的作用，在家具设计中要画哪些图样，取决于生产批量、加工条件、质量要求等，一般情况下，对于手工制作的单件家具，只要画出设计图即可，而对于机械化批量生产的家具，必须画出装配图，甚至零、部件图。下面分别讨论各种家具图样的表达内容及要求等。

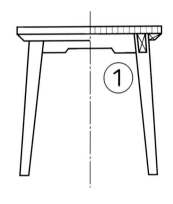 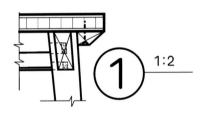

图8－7　局部详图

局部详图的可见轮廓线要用粗实线画出。

局部详图的标注方法：根据家具制图标准 QB1338－1991的规定，在基本视图上需要画局部详图部分的附近画一直径为8mm的中粗实线圆，圆中间写上数字编号；在该局部详图附近则画一直径为12mm粗实线圆，其中间写上相同的数字，并在粗实线圆右侧中间画一条水平细实线，上面写上局部详图所用比例，如图8－7所示。

由于局部详图详尽地表达清楚局部结构形状，因此，在基本视图中的相应部分，某些难以表达的细小结构就可以简化或不画。如图8－7主视图剖视部分的塞角条就未画出，而在局部详图中则画清楚能看到的全部结构。

一、家具设计草图和设计图

1．设计草图

这是家具的最初设计，其目的是根据用户要求为其提供一个家具外形结构样式、艺术造型、各部分色彩以及门、抽屉的布置等，它包括几个透视图和几组视图，以供最后挑选确定。

（1）透视图

透视图生动逼真，直观性强，能够反映真实效果，所以十分重要。一般设计草图中的透视图常徒手画出，为表达造型效果，也可加以适当的配景。

（2）视图

设计草图的视图，主要表现家具的外形轮廓，徒手画出。由于透视图不能真实反映家具长、宽尺寸及比例，所以用视图表达是必须的。另外，家具的内部结构需要时也要有所表达。

（3）尺寸

设计草图上的尺寸主要是外形尺寸（总长、总宽、总高）和功能尺寸（桌高、椅高、书柜搁板间的净空尺寸等）。

设计草图例图见图 8-8 至图 8-10。

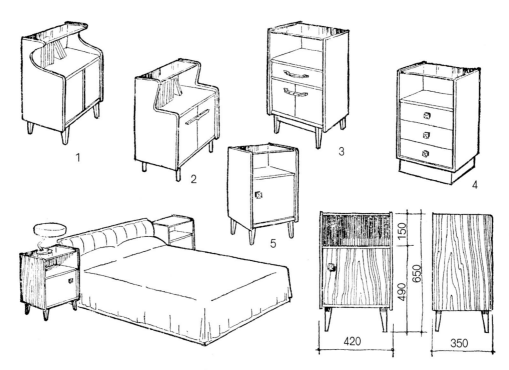

图 8-8　床头柜设计草图

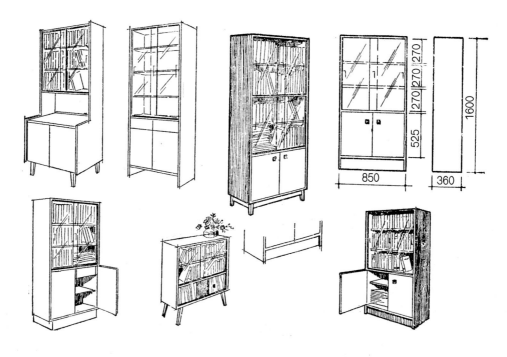

图 8-9　书柜设计草图

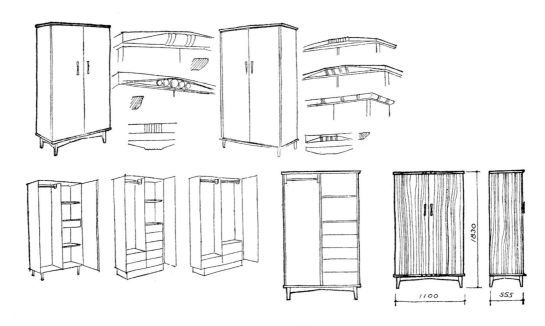

图8-10　大衣柜设计草图

2．设计图

设计图是在设计草图的基础上，经挑选、修改后整理而成。它包括两到三个外形视图和一个透视图，各图要用绘图工具按比例画出。

设计图主要还是表现外形，画设计图时一般应考虑以下几个问题：

(1) 家具使用是否方便，结构是否合理。

(2) 艺术造型是否完美。

(3) 采用何种制造方式，是否适应机械化生产。

(4) 零、部件间采用何种连接方式等。

注意了以上几点就可以为以后画结构装配图及生产制作打下基础，避免在生产中作重大修改。

设计图中除了视图和透视图外，还应对家具的质量要求、涂饰要求、装配要求等图上不易表达的一些技术条件，在图纸的右下方用文字作简要说明。

设计图应画在标准幅面的图纸上，图标、图线、图示方法等要按标准规定画出，视图上的总体尺寸及功能尺寸要齐全（根据家具制图标准 QB1338-1991 的规定，尺寸起止符号可用小圆点或短斜线等形式表示）。

这样一张设计图作为全面反映设计要求的文件，给生产者提出了最后成品的各项质量要求和验收条件。设计图图例如图 8-11 至图 8-13。

二、家具结构装配图

家具设计图仅仅反映家具的外部形状，而家具的内部具体结构，特别是零件间的连接方式，设计图上一般是不表达的。所以，要批量生产家具，就要画出家具结构装配图。

家具结构装配图是表达家具内外详细结构及连接方式的图样。其作用是指导家具生产全过程，包括零件的加工制作。产品的装配涂饰，成品的检验验收。

一张装配图的内容大致包括五个方面。

1．视图

(1) 一组能详细反映家具内外结构形状的基本视图，其数量由家具结

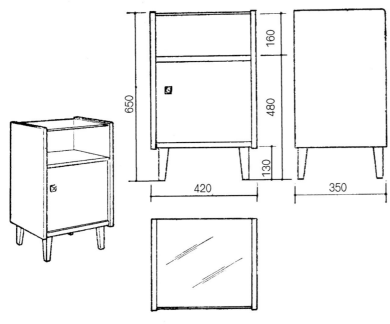

图8-11 床头柜的设计图

构的复杂程度而定，且常以剖视图形式出现。

（2）结构局部详图，由于基本视图是表达家具整体的，采用的比例往往较小，使某些局部结构难以表达清楚，采用较大比例画出的局部详图就解决了这一问题。

（3）某些零件的局部详图。如自行设计的拉手、柜脚、镜框周边等用较大比例以局部视图形式画在结构装配图内。

2．尺寸

结构装配图上一般要注出生产上所需要的全部尺寸，图中各部分大小均应以尺寸数字为准。

3．透视图

结构装配图上通常应附上家具透视图，对看图和装配起一定的帮助作用。

4．零部件编号和明细表

对于零部件多的家具，为便于组织生产，在结构装配图上给每个零部件编上号码，然后将它们的名称、规格、品种等，按编定的号码填在明细表中。

编号的方法是在要编号的零部件图形中引出一条细实线，在指向零部件的一端画一小黑点，另一端画一水平的短粗实线，上面写编号数。短实线要排列整齐，编号数要按顺时针或逆时针的方法顺次编写，以免难找或遗漏。

明细表一般列在标题栏上方，零件的编号应由小到大，自下而上填写，这样一旦遗漏，便于添加补全。

5．技术条件

对于一些在图上无法表达的内容，如家具表面涂饰要求，颜色及涂层厚度等，用文字写在图纸下方的空隙处。

需要说明的是，装配图画的详细程度取决于是否有零部件图。若有，装配图主要表现的就是装配关系，此时，不论视图表达还是尺寸标注，都将大大简化，某些局部详图就不必画出，一些细小结构也可简化或不画，零件图上已有的尺寸，装配图中可不必注出。只注明与装配有关的尺寸即可。

图8-14是一床头柜结构装配图，这种画法用于结构简单的家具，是较普遍采用的画法。

图8-15是一书柜结构装配图，板式结构，零件形状简单，连接件较多，且有零件编号及明细表。

图8-16是一大衣柜装配图，它是有零、部件图及编号的，所以有的零部件细部形状在图中并未表达完全，而由相应的零、部件图去详细表达了。

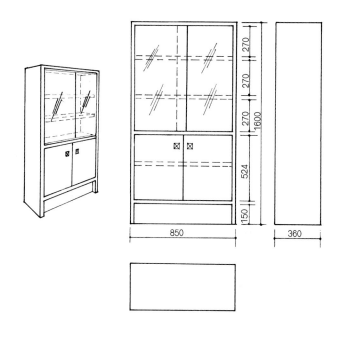

图8-12　书柜的设计图

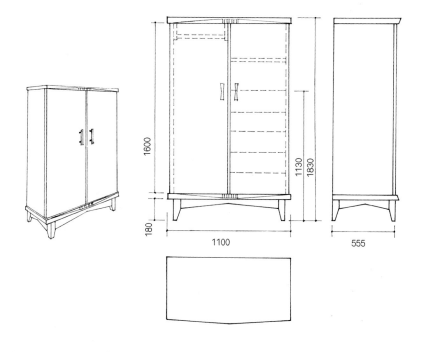

图8-13　大衣柜的设计图

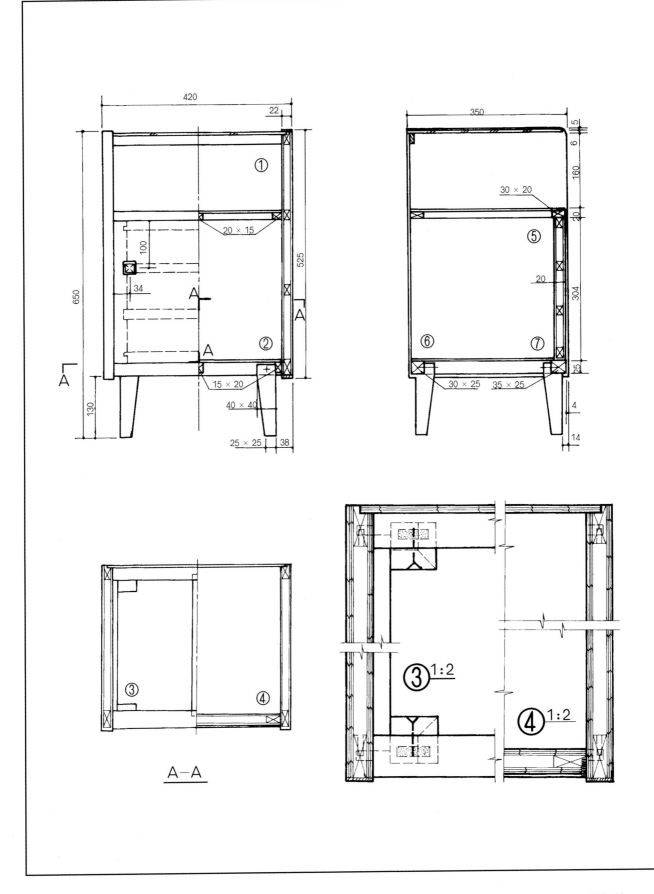

A—A

图 8—14

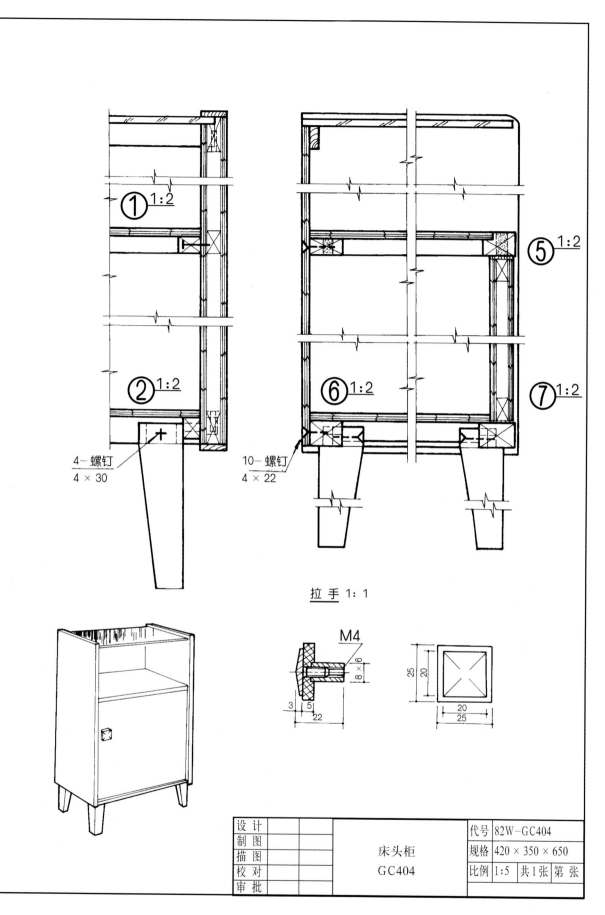

拉手 1:1

M4

设 计			床头柜	代号	82W–GC404
制 图				规格	420 × 350 × 650
描 图			GC404	比例 1:5	共1张 第 张
校 对					
审 批					

4— 螺钉
4 × 30

10— 螺钉
4 × 22

床头柜装配图

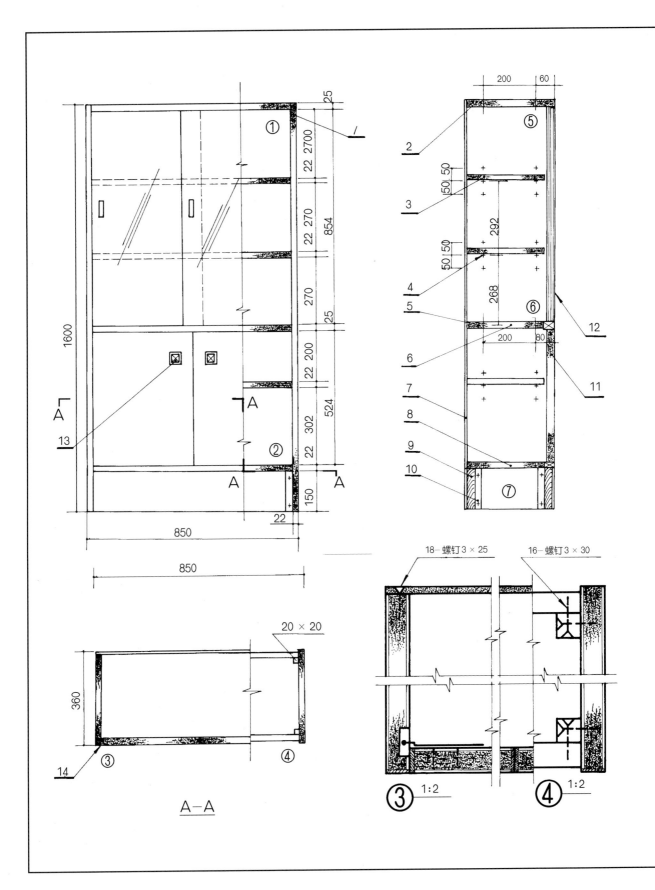

A—A

18—螺钉3×25   16—螺钉3×30

③   1:2   ④   1:2

图 8—15

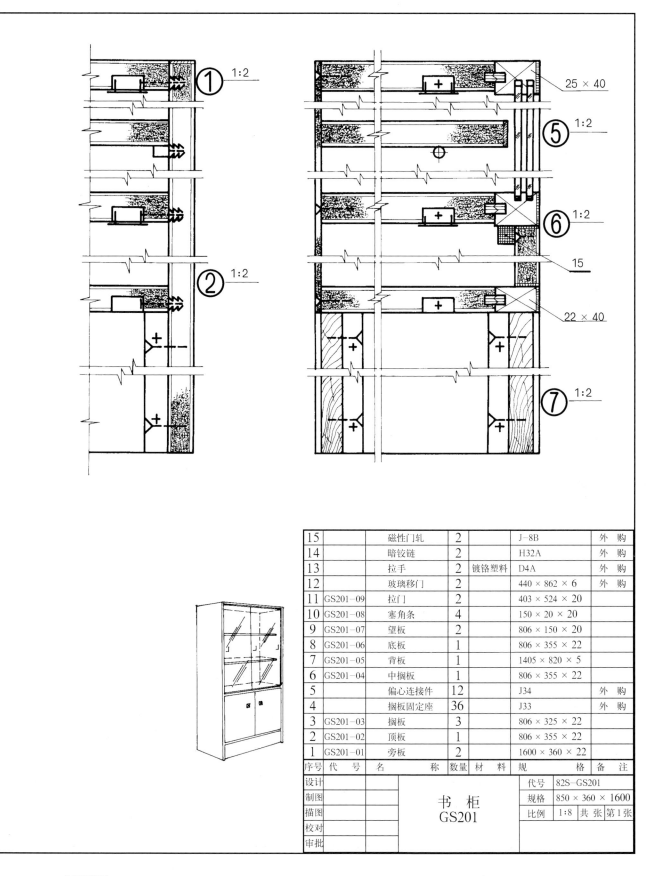

15		磁性门轧	2		J—8B	外 购
14		暗铰链	2		H32A	外 购
13		拉手	2	镀铬塑料	D4A	外 购
12		玻璃移门	2		440 × 862 × 6	外 购
11	GS201—09	拉门	2		403 × 524 × 20	
10	GS201—08	塞角条	4		150 × 20 × 20	
9	GS201—07	望板	2		806 × 150 × 20	
8	GS201—06	底板	1		806 × 355 × 22	
7	GS201—05	背板	1		1405 × 820 × 5	
6	GS201—04	中搁板	1		806 × 355 × 22	
5		偏心连接件	12		J34	外 购
4		搁板固定座	36		J33	外 购
3	GS201—03	搁板	3		806 × 325 × 22	
2	GS201—02	顶板	1		806 × 355 × 22	
1	GS201—01	旁板	2		1600 × 360 × 22	
序号	代 号	名 称	数量	材 料	规 格	备 注

设计			书 柜 GS201	代号	82S—GS201
制图				规格	850 × 360 × 1600
描图				比例	1:8 共 张 第1张
校对					
审批					

书柜装配图

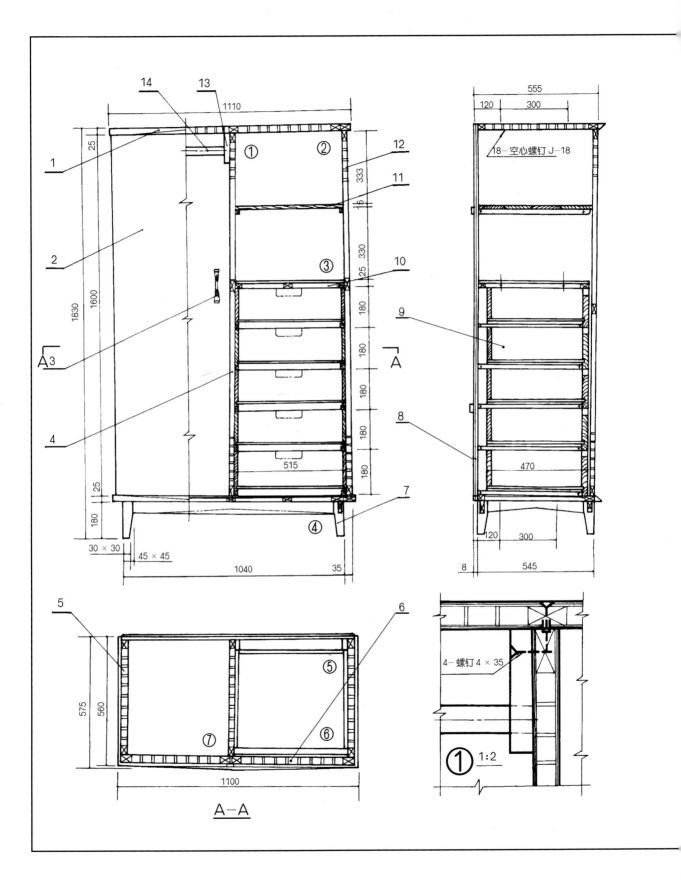

18—空心螺钉 J—18

4—螺钉 4×35

① 1:2

A—A

图 8—16

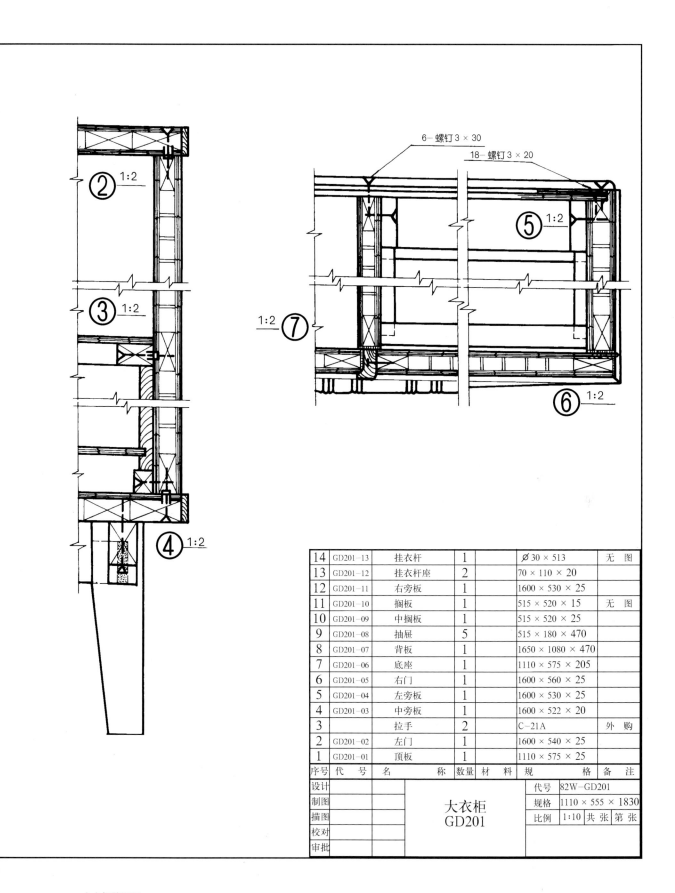

14	GD201–13	挂衣杆	1		$\varnothing\,30 \times 513$	无　图
13	GD201–12	挂衣杆座	2		$70 \times 110 \times 20$	
12	GD201–11	右旁板	1		$1600 \times 530 \times 25$	
11	GD201–10	搁板	1		$515 \times 520 \times 15$	无　图
10	GD201–09	中搁板	1		$515 \times 520 \times 25$	
9	GD201–08	抽屉	5		$515 \times 180 \times 470$	
8	GD201–07	背板	1		$1650 \times 1080 \times 470$	
7	GD201–06	底座	1		$1110 \times 575 \times 205$	
6	GD201–05	右门	1		$1600 \times 560 \times 25$	
5	GD201–04	左旁板	1		$1600 \times 530 \times 25$	
4	GD201–03	中旁板	1		$1600 \times 522 \times 20$	
3		拉手	2		C–21A	外　购
2	GD201–02	左门	1		$1600 \times 540 \times 25$	
1	GD201–01	顶板	1		$1110 \times 575 \times 25$	
序号	代　号	名　　　称	数量	材料	规　　　格	备　注

设计			大衣柜 GD201	代号	82W–GD201
制图				规格	$1110 \times 555 \times 1830$
描图				比例	1:10　共 张 第 张
校对					
审批					

大衣柜装配图

第三节　家具设计图实例

为了使学习者更好地掌握绘制家具设计图的方法，现举出了一些常用家具设计图图例，以供参考。

1.衣柜、电视柜

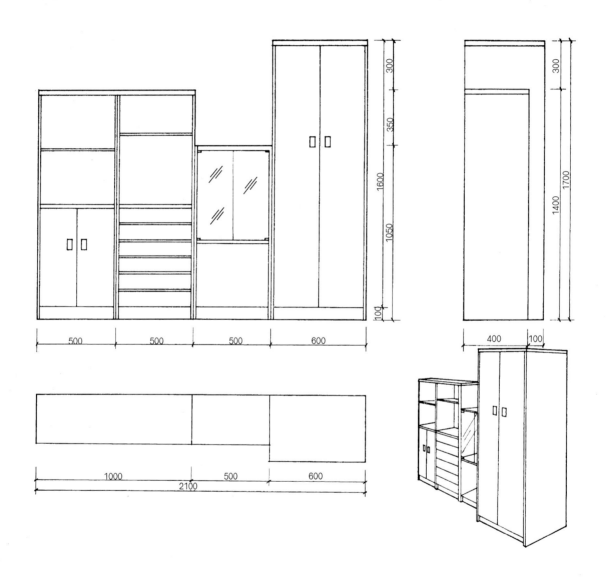

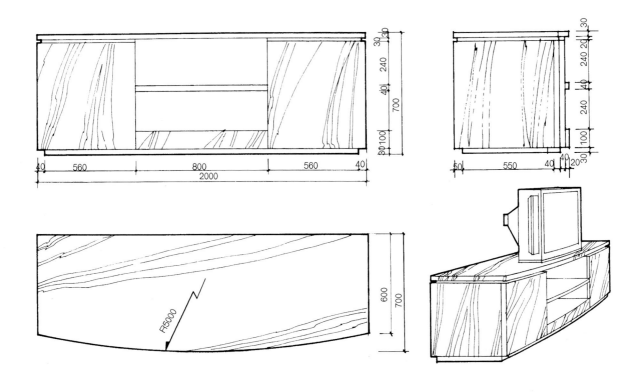

设计说明:

本套设计是起居室中的一组家具，为木质结构。本设计从构造形式和外观造型上力求简单、实用且美观，便于制造。

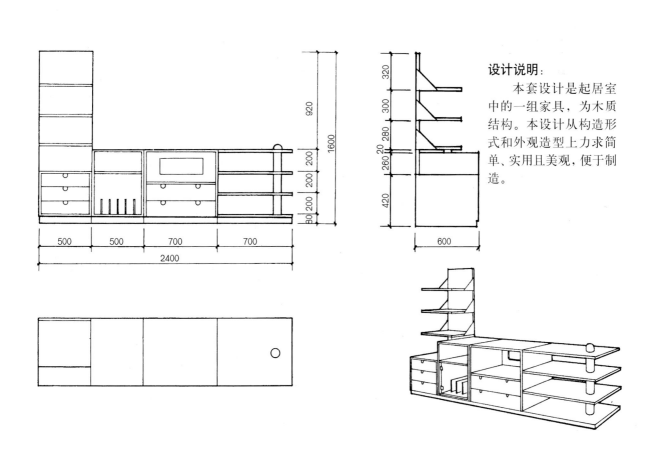

2.沙发

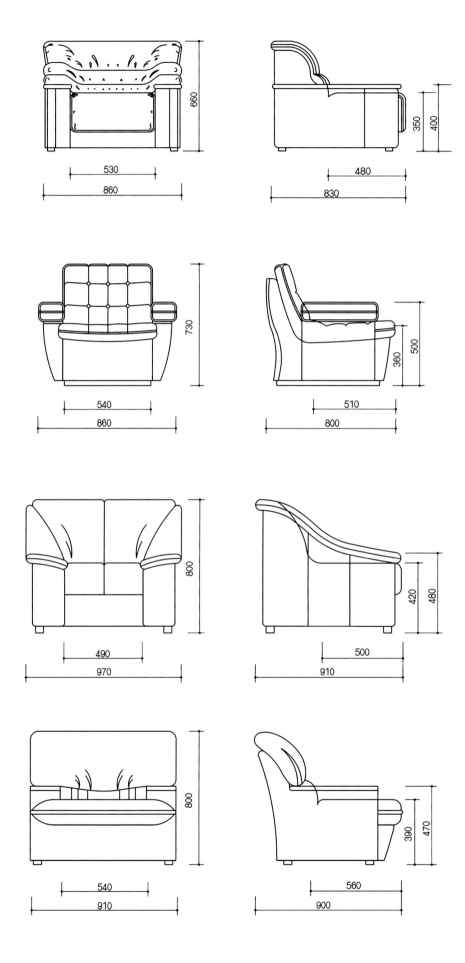

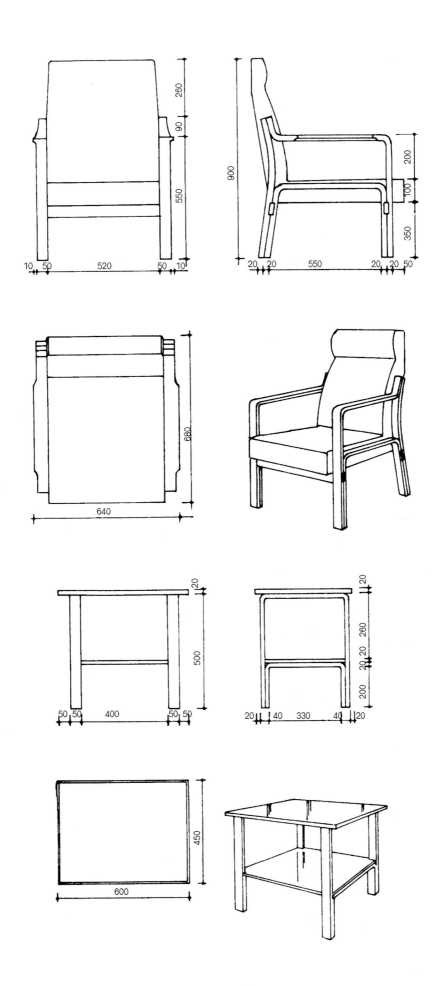

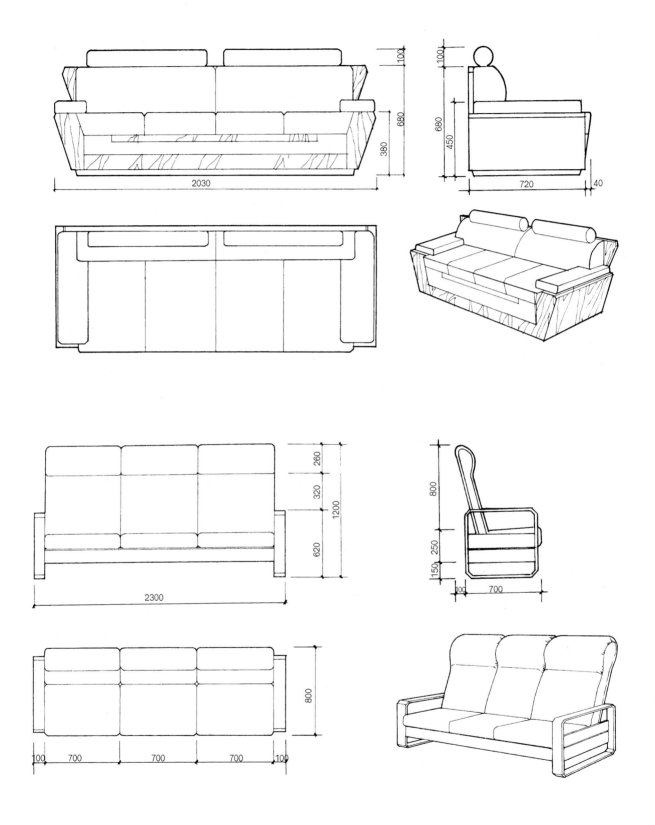

3.桌子、茶几

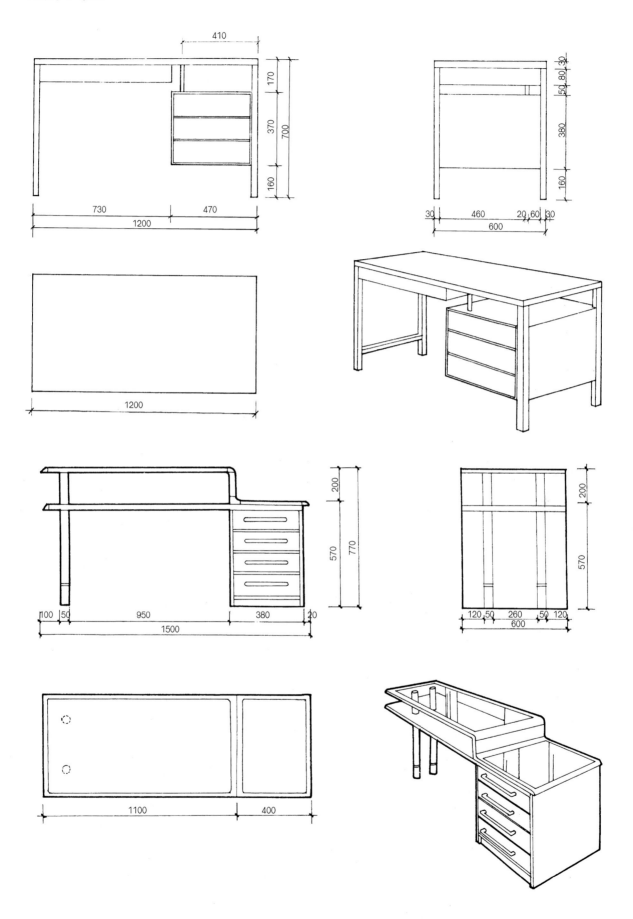

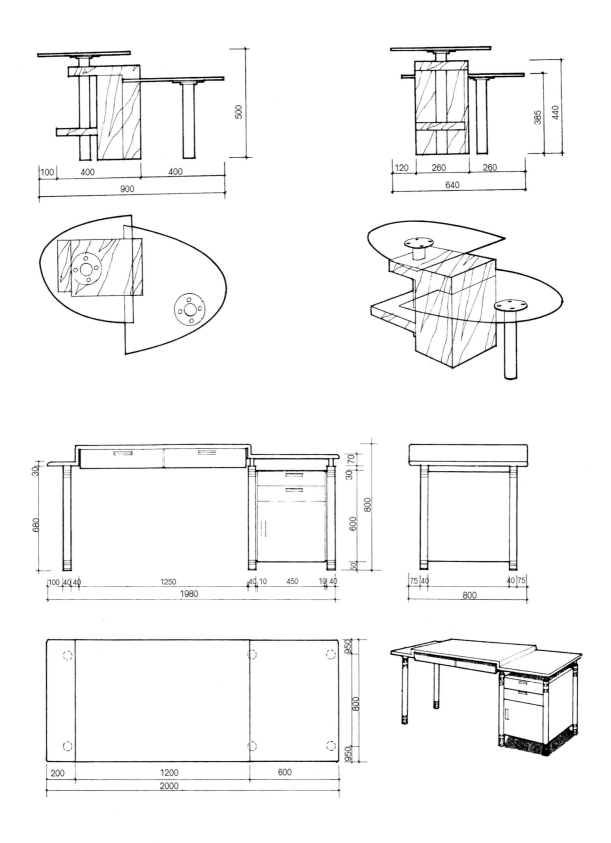

4.椅子

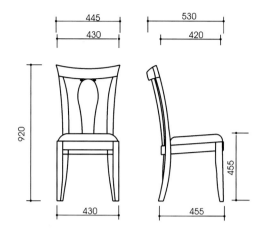

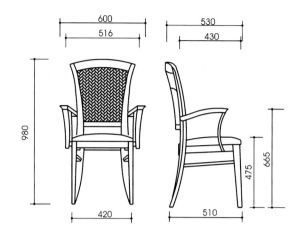

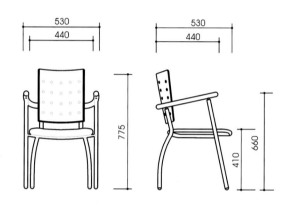

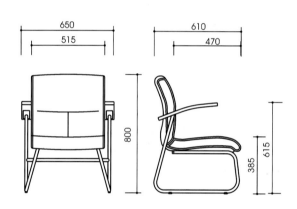

思考与练习

1. 家具的常用连接方式有哪些?
2. 榫头的横断面为何要涂中间色?
3. 按要求画出一组家具设计图。
4. 看懂并抄绘图8-14、图8-15及图8-16。

参考文献

1．何铭新等主编《建筑工程制图》第2版，高等教育出版社，2001。

2．朱浩主编《建筑制图》第2版，高等教育出版社，1997。

3．高祥生主编《装饰设计制图与识图》，中国建筑工业出版社，2002。

4．《家具制图》编写组编《家具制图》，轻工业出版社，1984。

5．过伟敏编著《室内设计制图技法》，中国轻工业出版社，2001。

6．谭伟建主编《建筑制图与阴影透视》，中国建筑工业出版社，1997。

7．刘林等编《建筑制图及室内设计制图》，华南理工大学出版社，1997。

8．李凤崧编著《透视·制图·家具》，中国纺织出版社，1996。

9．毛之颖编《机械制图》，高等教育出版社，1991。

10．孙世青主编《建筑装饰制图与阴影透视》，科学出版社，2002。

11．中华人民共和国建设部主编《房屋建筑制图统一标准》（GB/T50001-2001），2002。

12．中华人民共和国建设部主编《建筑制图标准》（GB/T50104-2001），2002。

13．中国建筑装饰协会、哈尔滨麻雀装饰工程设计有限公司编著《住宅室内装饰设计实例图集》，中国建筑工业出版社，2003。

本书中的部分插图选自上述有关文献，在此表示感谢。